普通高等教育 **软件工程** "十二五"规划教材

12th Five-Year Plan Textbooks
of Software Engineering

华东交通大学教材（专著）基金资助项目

Web 前端开发实例教程
——HTML、CSS、JavaScript

占东明 张利华 张薇 ◎ 主编

谢剑猛 陈海林 ◎ 副主编

U0191343

人 民 邮 电 出 版 社

北 京

图书在版编目（ＣＩＰ）数据

Web前端开发实例教程：HTML、CSS、JavaScript /
占东明，张利华，张薇主编. -- 北京：人民邮电出版社，
2016.8（2020.1重印）
普通高等教育软件工程"十二五"规划教材
ISBN 978-7-115-39689-1

Ⅰ．①W… Ⅱ．①占… ②张… ③张… Ⅲ．①超文本
标记语言－程序设计－高等学校－教材②网页制作工具－
高等学校－教材③JAVA语言－程序设计－高等学校－教材
Ⅳ．①TP312②TP393.092

中国版本图书馆CIP数据核字(2016)第178196号

内 容 提 要

本书全面系统地讲解了 Web 前端开发技术，包括 HTML、CSS、JavaScript 等。全书采用实例教学方法，每个知识点都有一个实例，每个章节都有综合的小实例，最后又有综合大案例，做到了全书实例覆盖所有知识点。

全书分为 6 部分，第一部分准备篇（第 1～3 章），介绍了 Web 技术基础知识、开发工具、运行环境等；第二部分入门篇（第 4～13 章），全面介绍了 HTML 相关知识及应用；第三部分进阶篇（第 14～19 章），全面介绍了 CSS 相关知识及应用；第四部分高级篇（第 20～23 章），重点介绍了 JavaScript 基本语法、事件、对象以及应用；第五部分实战篇（第 24 章），通过一个综合案例来讲解 Web 开发全过程，第六部分扩展篇（第 25～26 章），介绍了 HTML5 的内容，使全书的内容更加全面实用。

本书附有丰富配套资源、支持多终端课程网站、微信课程等。配套资源包括：微课视频、实例源代码、教学 PPT、工具软件、授课安排、实验安排等，读者可到人邮教育社区（WWW.ryjiaoyu.com）上获取。

本书可作为高等院校、高职高专计算机及相关专业的教学用书，也可以作为网站制作、Web 程序设计及相关课程培训教材，同时也可供 Web 编程爱好者自学参考。

◆ 主　　编　　占东明　张利华　张　薇

　　副主编　　谢剑猛　陈海林

　　责任编辑　　刘　博

　　责任印制　　沈　蓉　彭志环

◆ 人民邮电出版社出版发行　　北京市丰台区成寿寺路 11 号
　　邮编　100164　　电子邮件　315@ptpress.com.cn
　　网址　http://www.ptpress.com.cn
　　北京捷迅佳彩印刷有限公司印刷

◆ 开本：787×1092　1/16
　　印张：19.25　　　　　　　　2016 年 8 月第 1 版
　　字数：501 千字　　　　　　 2020 年 1 月北京第 4 次印刷

定价：49.80 元

读者服务热线：**(010)81055256**　印装质量热线：**(010)81055316**
反盗版热线：**(010)81055315**

前　言

　　随着互联网+、云计算、大数据以及工业 4.0 的发展与应用，Web 技术得到了空前发展，为此许多高校或 IT 培训机构把 HTML+CSS+JavaScript 作为一门重要课程。

　　展望技术发展，立足大纲要求，借鉴优秀教材，创新内容设计，是本教材出版的指导思想。本教材具有以下鲜明特色：（1）内容完整成体系；（2）条理清晰易掌握；（3）实例教学易理解；（4）实例练习强动手；（5）综合实例会应用。

　　本书在内容组织展示上采用了语法说明、代码编写、实例效果三层形式相结合的方式，非常符合本课程特点，有利于教师授课和学生自学。课程中每一类知识点都配备一个实例，每章后面都有一个小实例，最后又有综合的大案例，是名副其实的案例教材。应该说本教材从内容设计和组织上都有很大的创新，是一本非常好的适用于教学与自学的教材。

　　本书附有丰富配套资源、支持多终端课程网站、微信课程平台等。配套资源包括：微课视频、实例源代码、教学 PPT、工具软件、授课安排、上机安排等，读者可到人邮教育社区（www.ryjiaoyu.com）上获取。

　　由于编者水平有限，书中难免有不足之处，恳请广大读者批评指正。

编　者

2016 年 7 月

目　录

准备篇

第1章 Web 技术综述

Web 的本意是蜘蛛网和网，在网页设计中称为网页。现泛指网络、互联网等技术领域，表现为三种形式，即超文本（hypertext）、超媒体（hypermedia）、超文本传输协议（HTTP）。Web 技术指的是开发互联网应用技术的总称，一般包括 Web 客户端技术和 Web 服务器端技术。

学习目标

- Internet 基础知识
- Web 概述
- 超文本与标签语言
- Web 标准综述
- 浏览器

1.1 Internet 基础

Internet 又称"互联网"，根据音译也被叫作"因特网"，是网络与网络之间所串连成的庞大网络，这些网络以一组通用的协议相连，形成逻辑上的单一且巨大的全球化网络。Internet 是由许许多多小的网络互联而成，每个子网络又由若干个计算机组成，覆盖了全球大多数国家和地区，实现了资源共享和信息交流的目的，它是信息社会的基础。

1.1.1 TCP/IP

Internet 是由复杂的物理网络将分布在全球各地的计算机连接起来的网络。在 Internet 中要实现信息交流和资源共享的目的，必须要有一个网络共同遵守的规则（网络协议）。

网络协议即网络中（包括互联网）传递、管理信息的一些规则。如同人与人之间相互交流是需要遵循一定的规矩一样，计算机之间的相互通信需要共同遵守一定的规则，这些规则就称为网络协议。

TCP/IP 是网络的基础，是 Internet 的语言，可以说没有 TCP/IP 就没有互联网的今天。

1.1.2 主机和 IP 地址

与 Internet 相连的任何一台计算机都称为主机，每台主机都有一个唯一的 IP 地址，每台主机在互联网上的地位都是平等的。所谓 IP 地址就是给每个连接在互联网上的主机分配的一个 32 位地址，比如：100.168.17.56。IP 地址（地址码）就好像电话号码：有了某人的电话号码，你就能与他通话了。同样，有了某台主机的 IP 地址，你就能与这台主机通信了。

　　IP 地址是一个 32 位的二进制数，通常被分割为 4 个 "8 位二进制数"（也就是 4 个字节）。IP 地址通常用 "点分十进制" 表示成（a．b．c．d）的形式，其中，a，b，c，d 都是 0～255 之间的十进制整数。例：十进制 IP 地址（100.12.5.7），实际上是 32 位二进制数（01100100.00001100.00000101.00000111），如图 1-1 所示。

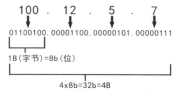

图 1-1　IPv4 地址构成

　　有人会以为，一台计算机只能有一个 IP 地址，这种观点是错误的。我们可以指定一台计算机具有多个 IP 地址，因此在访问互联网时，不要以为一个 IP 地址就是一台计算机；另外，通过特定的技术，也可以使多台服务器共用一个 IP 地址，这些服务器在用户看起来就像一台主机。

1.1.3　DNS 和域名

　　DNS（Domain Name System，域名系统），因特网上作为域名和 IP 地址相互映射的一个分布式数据库，能够使用户更方便地访问互联网，而不用去记住被机器直接读取的 IP 数串。通过主机名，最终得到该主机名对应的 IP 地址的过程叫作域名解析，比如：在浏览器里面输入 www.taobao.com，首先访问的是域名服务器，查找域名对应的 IP，把 IP 返回给浏览器，浏览器通过 IP 去访问对应的 Web 服务器，如图 1-2 所示。

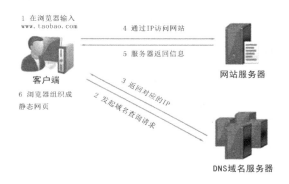

图 1-2　浏览器访问网站的全过程

1．域名

　　域名（Domain Name），是由一串用点分隔的名字组成的 Internet 上某一台计算机或计算机组的名称，用于在数据传输时识别是哪台主机。为什么有了 IP 地址我们还要域名呢？IP 地址是 Internet 主机作为路由寻址用的数字型标识，人不容易记忆，因而产生了域名（Domain Name）这种字符型标识。

2．域名构成

　　域名由两个或两个以上的词构成，中间由点号分隔开。最右边的那个词称为顶级域名。下面是 3 个常见的顶级域名及其用法。

- COM——用于商业机构。它是最常见的顶级域名。任何人都可以注册.COM 形式的域名。
- NET——最初是用于网络组织，例如：因特网服务商和维修商。现在任何人都可以注册以.NET 结尾的域名。
- ORG——是为各种组织包括非盈利组织而定的。现在，任何人都可以注册以.ORG 结尾的

3

域名。

国家代码由两个字母组成的顶级域名如：.cn, .uk, .de 和.jp 称为国家代码顶级域名(ccTLDs)。其中.cn 是中国专用的顶级域名，其注册归 CNNIC 管理， 以.cn 结尾的二级域名我们简称为国内域名。

从 www.baidu.com 这个域名来看，它由三部分组成，中间用了两个圆点隔开。其中第一层 com 代表商业，这个是注册的时候可以选择的；第二层 baidu 属于自定义的部分，域名注册时根据自己的需要来填写；第三层 www 是在做域名解析的时候设置的，也可以设置成其他的字符串，比如设置为 news，这时完整的域名就是：news.baidu.com，其实 www.baidu.com 和 news.baidu.com 都是在域名 baidu.com 下解析出来的二级域名。

1.2 Web 概述

从 Web1.0、Web2.0 再到 Web3.0，我们可以深深体会到 Web 技术在一步步的发展。相信在以后的日子里，在这个信息不断强化的时代里，Web 技术的发展会有更大的进步空间，并且紧扣时代发展的需求，在"网人合一"方面做得更好。

Web1.0 的主要特点在于用户通过浏览器获取信息，单纯通过网络浏览器浏览 HTML 网页。而 Web2.0 中用户不再是一个单纯的浏览者，同时也是网站内容的制造者。新的 Web3.0 强调的是任何人在任何地点都可以创新。代码编写、协作、调试、测试、部署、运行都在云计算上完成。当创新从时间和资本的约束中解脱出来，它就可以欣欣向荣。

1.2.1 Web 起源

Web 的不断完善都是基于各种 Web 技术的不断发展，Web 的应用架构是由英国人 Tim Berners-Lee 在 1989 年提出的，而它的前身是 1980 年 Tim Berners-Lee 负责的 Enquire（Enquire Within Upon Everything 的简称）项目。

1990 年 11 月第一个 Web 服务器开始运行，由 Tim Berners-Lee 编写的图形化 Web 浏览器第一次出现在人们面前。

1991 年，CERN（European Particle Physics Laboratory）正式发布了 Web 技术标准。

目前,与 Web 相关的各种技术标准都由著名的万维网联盟(W3C, World Wide Web Consortium) 组织管理和维护。

1.2.2 Web 的工作原理

从技术层面上看，Web 架构的精华有 3 处：用超文本技术（HTML）实现信息与信息的连接；用统一资源定位技术（URL）实现全球信息的精确定位；用新的应用层协议（HTTP）实现分布式的信息共享。其实，Tim Berners-Lee 早就明确无误地告诉我们："Web 是一个抽象的（假想的）信息空间。"也就是说，作为 Internet 上的一种应用架构，最终目的就是为终端用户提供各种服务。

1.2.3 Web 基本技术

Web 是一种典型的分布式应用架构。Web 应用中的每一次信息交换都要涉及客户端和服务端两个层面。因此，Web 开发技术大体上也可以被分为客户端技术和服务端技术两大类。

1．Web 客户端技术

Web 客户端的主要任务是展现信息内容。Web 客户端设计技术主要包括 HTML、CSS、JavaScript、插件技术及 VRML 技术。

（1）HTML。HTML 是 HyperText Markup Language（超文本标签语言）的缩写，它是构成 Web 页面的主要语言。

（2）CSS（Cascading Style Sheets），即级联样式表。通过在 HTML 文件中设立样式表，可以统一控制 HTML 中各标志显示属性。

（3）脚本程序。它是嵌入在 HTML 文件中的程序。使用脚本程序可以创建动态页面，大大提高交互性。用于编写脚本程序的语言主要有 JavaScript 和 VBScript。JavaScript 由 Netscape 公司开发，具有易于使用、变量类型灵活和无需编译等特点。

（4）插件技术。这一技术大大丰富了浏览器的多媒体信息展示功能，常见的插件包括 QuickTime、RealPlayer、Media Player 和 Flash 等。

（5）VRML 技术。Web 已经由静态步入动态，并正在逐渐由二维走向三维，将用户带入五彩缤纷的虚拟现实世界。VRML 是目前创建三维对象最重要的工具，它是一种基于文本的语言，并可运行于任何平台。

2．Web 服务端技术

与 Web 客户端技术从静态向动态的演进过程类似，Web 服务端的开发技术也是由静态向动态逐渐发展、完善起来的。Web 服务器技术主要包括服务器、CGI、PHP、ASP、ASP.NET、Servlet 和 JSP 技术。

1.2.4　Web 服务器

Web 服务器一般指网站服务器，是指驻留于因特网上某种类型计算机的程序，可以向浏览器等 Web 客户端提供文档。可以放置网站文件，让全世界浏览；可以放置数据文件，让全世界下载。目前最主流的三个 Web 服务器是 IIS、Apache、Nginx。

在 UNIX 和 Linux 平台下使用最广泛的免费 HTTP 服务器是 Apache 和 Nginx，而 Windows 平台 NT/2000/2003 使用 IIS 的 Web 服务器。在选择使用 Web 服务器时应考虑的因素有：性能、安全性、日志和统计、虚拟主机、代理服务器、缓冲服务和集成应用程序等。下面介绍 3 种常用的 Web 服务器。

1．IIS

Microsoft 的 Web 服务器产品为 Internet Information Services（IIS），IIS 是允许在公共 Intranet 或 Internet 上发布信息的 Web 服务器。IIS 是目前最流行的 Web 服务器产品之一，很多著名的网站都是建立在 IIS 的平台上。IIS 提供了一个图形界面的管理工具，称为 Internet 信息服务（IIS）管理器，可用于监视配置和控制 Internet 服务。

2．Apache

Apache 仍然是世界上用得最多的 Web 服务器，市场占有率达 60%左右。它的成功之处主要在于源代码开放、有一支开放的开发队伍、支持跨平台的应用（可以运行在几乎所有的 UNIX、Windows、Linux 系统平台上）以及它的可移植性等方面。

3．Nginx

Nginx（"engine x"）是一个高性能的 HTTP 和反向代理服务器，也是一个 IMAP/POP3/SMTP 代理服务器。由俄罗斯的程序设计师 Igor Sysoev 所开发，供俄罗斯大型的入口网站及搜索引擎

Rambler 使用。其特点是占有内存少，并发能力强，事实上 Nginx 的并发能力确实在同类型的网页服务器中表现较好，国内许多大型门户都使用 Nginx 作为 Web 服务器。

1.3　超文本与标签语言

1.3.1　超文本

超文本是用超链接的方法，将各种不同空间的文字信息组织在一起的网状文本。超文本更是一种用户界面方式，用来显示文本与文本之间相关的内容。目前超文本普遍以电子文档方式存在，其中的文字包含有可以链接到其他位置或者文档的连接，允许从当前阅读位置直接切换到超文本链接所指向的位置。我们日常浏览的网页上的超链接都属于超文本。

1.3.2　标签语言

标签语言，是一种将文本以及文本相关的其他信息结合起来，展现出关于文档结构和数据处理细节的计算机语言。标签语言不仅仅是一种语言，就像许多语言一样，它需要一个运行时环境，使其有用。常见的标签语言有 SGML、HTML、XML、XHTML、HTML5。

1. SGML

标准通用置标语言（Standard Generalized Markup Language，SGML），是一种通用的文档结构描述置标语言，为语言置标提供了异常强大的基础，同时具有极好的扩展性，因此在数据分类和索引中非常有用。标准通用置标语言由其早期用于特定的领域进行信息组织发展，到今天用于多行业进行信息组织，经历了漫长的时间，由最初的 GML 发展到了 SGML，再到 XML、HTML，如图 1-3 所示。

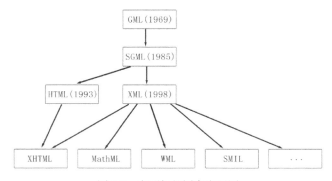

图 1-3　主要标签语言发展图

2. HTML

超文本标签语言（HyperText Markup Language，HTML），是为"网页创建及其他可在网页浏览器中看到的信息"设计的一种标签语言。HTML 被用来结构化信息，如标题、段落和列表等；也可用来在一定程度上描述文档的外观和语义。由蒂姆·伯纳斯·李给出原始定义，由 IETF 用简化的 SGML 语法进一步发展了 HTML，后来成为国际标准，由万维网联盟维护。页面结构包括文档头和文档体两部分，文档头提供网页信息，文档体提供网页具体内容。

（1）发展历史

超文本标签语言（第一版）——在 1993 年 6 月作为互联网工程工作小组（IETF）的工作草案发布（并非标准）。

- HTML 2.0——1995 年 11 月作为 RFC 1866 发布，在 RFC 2854 于 2000 年 6 月发布之后被宣布已经过时。
- HTML 3.2——1997 年 1 月 14 日发布，W3C 推荐标准。
- HTML 4.0——1997 年 12 月 18 日发布，W3C 推荐标准。
- HTML 4.01（微小改进）——1999 年 12 月 24 日发布，W3C 推荐标准。
- HTML 5——2014 年 10 月 28 日发布，W3C 推荐标准。
- ISO/IEC 15445:2000（"ISO HTML"）——2000 年 5 月 15 日发布，基于严格的 HTML 4.01 语法，是国际标准化组织和国际电工委员会的标准。

（2）HTML 特点

HTML 文档制作不是很复杂，但功能强大，支持不同数据格式的文件镶入，这也是万维网（WWW）盛行的原因之一，其主要特点如下。

① HTML 是一种描述性标签语言，用标签来说明文档的内容与格式；

② HTML 是超文本标签语言，支持超文本；

③ HTML 是 SGML 的子集，是 SGML 的应用与简化；

④ HTML 是基于 HTTP，与平台无关；

⑤ 任何 HTML 文档只包括两个部分，即 Head 和 Body 两部分。

3. XML

XML（eXtensible Markup Language）即可扩展标签语言，它与 HTML 一样，都是 SGML（Standard Generalized Markup Language，标准通用标签语言）。XML 是 Internet 环境中跨平台的，依赖于内容的技术，是当前处理结构化文档信息的有力工具。

4. XHTML

可扩展超文本标签语言（XHTML），是一种置标语言，表现方式与超文本标签语言（HTML）类似，不过语法上更加严格，XHTML 就是一个扮演着类似 HTML 角色的可扩展标签语言（XML）。所以，本质上说，XHTML 是一个过渡技术，结合了部分 XML 的强大功能及大多数 HTML 的简单特性。

2000 年年底，国际 W3C 组织（万维网联盟）公布发行了 XHTML 1.0 版本。XHTML 1.0 是一种在 HTML4.0 基础上优化和改进的新语言，目的是基于 XML 应用。

5. HTML5

HTML5 是万维网核心语言、标准通用标签语言下的一个应用超文本标签语言（HTML）的第五次重大修改。HTML5 也属于 HTML 范畴。2014 年 10 月 29 日，万维网联盟宣布，经过接近 8 年的艰苦努力，该标准规范终于制定完成。HTML5 目前仍处于完善之中。然而，大部分浏览器已经具备了某些 HTML5 支持。

1.4　Web 标准综述

Web 标准不是某一个标准，而是一系列标准的集合。网页主要由三部分组成：结构（Structure）、表现（Presentation）和行为（Behavior）。对应的标准也分三方面：结构化标准语言主要包括 HTML、XHTML 和 XML，表现标准语言主要包括 CSS，行为标准主要包括对象模型（如 W3C DOM）、ECMAScript 等，如图 1-4 所示。

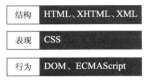

结构	HTML、XHTML、XML
表现	CSS
行为	DOM、ECMAScript

图 1-4　Web 标准结构

1.4.1　Web 标准体系

1．结构标准

结构标准主要包括：HTML、XML、XHTML 等标签语言。目前推荐遵循的是 W3C 于 2000 年 1 月 26 日推荐的 XML1.0。XML 虽然数据转换能力强大，完全可以替代 HTML，但面对成千上万已有的站点，直接采用 XML 还为时过早。因此，我们在 HTML4.0 的基础上，用 XML 的规则对其进行扩展，得到了 XHTML。简单地说，建立 XHTML 的目的就是实现 HTML 向 XML 的过渡。

2．表现标准

层叠样式表（CSS）。目前推荐遵循的是万维网联盟（W3C）于 1998 年 5 月 12 日推荐的 CSS2，如今又推出了 CSS3。W3C 创建 CSS 标准的目的是以 CSS 取代 HTML 表格式布局、帧和其他表现的语言。纯 CSS 布局与结构式 XHTML 相结合能帮助设计师分离外观与结构，使站点的访问及维护更加容易。

3．行为标准

（1）DOM

DOM（Document Object Model，文档对象模型）。根据 W3C DOM 规范，DOM 是一种与浏览器、平台、语言的接口。简单理解，DOM 解决了 Netscape 的 JavaScript 和 Microsoft 的 JScript 之间的冲突，给予 Web 设计师和开发者一个标准的方法，让他们可以访问站点中的数据、脚本和表现层对象。

（2）ECMAScript

ECMAScript 是 ECMA（European Computer Manufacturers Association）制定的标准脚本语言（JavaScript）。目前推荐遵循的是 ECMAScript 262。

1.4.2　Web 标准的意义

（1）易用性

用 Web 标准制作的页面，对搜索引擎更加"透明"。因为良好清晰的结构使得搜索引擎能够方便地判断与评估信息，从而建立更精确的索引。按 Web 标准制作的页面可以在更老版本的浏览器中正常显示基本结构，即使 CSS/XSL 样式无法解析，它也能显示出完整的信息和结构。

符合 Web 标准的页面很容易被转换成其他格式的文档，例如：数据库或者 Word 格式，也容易被移植到新的系统——硬件或者软件系统，如网络电视等。这是 XML 天生具有的优势。

符合 Web 标准的页面具有天生的"易用性(accessibility)"，不仅仅是普通浏览器可以阅读，那些残疾人也可以通过盲人浏览器、声音阅读器正常使用。

（2）向后兼容性

使用 Web 标准建立的页面，将在未来的新浏览器或者新网络设备中很好地工作。我们只要修改 CSS 或者 XSL，定制相应的表现形式就可以了。

1.5　浏览器

浏览器是指可以显示网页服务器或者文件系统的 HTML 文件内容，并让用户与这些文件交互的一种软件。

它用来显示在万维网或局域网内的文字、图像及其他信息。这些文字或图像，可以是连接其他网址的超链接，用户可迅速而轻易地浏览各种信息。大部分网页为 HTML 格式。

个人计算机上常见的网页浏览器包括微软的 Internet Explorer、Firefox、Opera 和 Chrome。浏览器是最经常使用到的客户端程序。

1.5.1　主流浏览器

1.　Internet Explorer

Internet Explorer，是美国微软公司推出的一款网页浏览器。原称 Microsoft Internet Explorer (6 版本以前)和 Windows Internet Explorer(7、8、9、10、11 版本)，简称 IE。在 IE7 以前，中文直译为"网络探路者"，但在 IE7 以后便直接俗称为"IE 浏览器"。

2.　Mozilla Firefox

Mozilla Firefox，中文名通常称为"火狐"或"火狐浏览器"（正式缩写为 Fx，非正式缩写为 FF），是一个开源网页浏览器，使用 Gecko 引擎，支持多种操作系统，如 Windows、Mac 和 Linux。据 2013 年 8 月浏览器统计数据，Firefox 在全球网页浏览器市占率为 76%～81%，用户数在各网页浏览器中排名第三。

3.　Opera

Opera 浏览器因为它的快速、小巧和比其他浏览器更佳的用户体验界面而受到欢迎。Opera 浏览器基本界面标准兼容性获得了国际上的终端用户和业界媒体的承认，并在网上受到很多人的推崇。Opera 浏览器是一款适用于各种平台、操作系统和嵌入式网络产品的高品质、多平台产品。

4.　Chrome

Google Chrome 是基于更强大的 JavaScript V8 引擎的极强高效快速的浏览器，Google Chrome 是一款可让用户更快速、轻松且安全地使用网络的浏览器，它的设计超级简洁，使用起来非常方便。

1.5.2　浏览器内核

浏览器最重要或者说最核心的部分是"Rendering Engine"，可译为"渲染引擎"，不过我们一般习惯将之称为"浏览器内核"。目前市面上主要采用的浏览器内核有以下 4 种。

1.　Trident 内核，代表产品 Internet Explorer

说起 Trident，很多人都会感到陌生，但提起 IE（Internet Explorer）则无人不知、无人不晓，由于其被包含在全世界使用率最高的操作系统 Windows 中，得到了极高的市场占有率，所以我们又经常称其为 IE 内核。

Trident（又称为 MSHTML）是微软开发的一种排版引擎。它在 1997 年 10 月与 IE4 一起诞生，至今经历 19 年，至少更新了四个版本。虽然它相对其他浏览器核心还比较落后，但 Trident 一直在被不断地更新和完善。而且除 IE 外，许多产品都在使用 Trident 核心，比如：Windows 的 Help 程序、RealPlayer、Windows Media Player、Windows Live Messenger、Outlook Express 等等都使用了 Trident 技术。

使用 Trident 渲染引擎的浏览器包括：IE、傲游、世界之窗浏览器、Avant、腾讯 TT、Netscape 8、NetCaptor、Sleipnir、GOSURF、GreenBrowser 和 KKman 等。

2. Gecko 内核，代表作品 Mozilla Firefox

Gecko 也是一个陌生的词，但 Firefox 的名声应该已经有所耳闻，Gecko 是一套开放源代码的、以 C++ 编写的网页排版引擎。目前为 Mozilla 家族网页浏览器以及 Netscape 6 以后版本浏览器所使用。该软件原本是由网景通信公司开发的，现在则由 Mozilla 基金会维护。它的最大优势是跨平台，能在 Microsoft Windows、Linux 和 MacOS X 等主要操作系统上运行，而且它提供了一个丰富的程序界面供互联网相关的应用程序使用，如网页浏览器、HTML 编辑器、客户端/服务器等。

3. WebKit 内核，代表作品 Safari、Chrome

WebKit 是一个开源项目，包含了来自 KDE 项目和苹果公司的一些组件，主要用于 Mac OS 系统。它的特点在于源码结构清晰、渲染速度极快。缺点是对网页代码的兼容性不高，导致一些编写不标准的网页无法正常显示。主要代表作品有 Safari 和 Google 的浏览器 Chrome。

4. Presto 内核，代表作品 Opera

Presto 是由 Opera Software 开发的浏览器排版引擎，供 Opera 7.0 及以上版本使用。它取代了旧版 Opera 4～6 版本使用的 Elektra 排版引擎，加入了动态功能，例如：网页或其他部分可随着 DOM 及 Script 语法的事件而重新排版。

1.6 知识点提炼

本章主要介绍了 Internet 基础知识、Web 基础知识、主要标签语言、Web 标准、主流浏览器、浏览器内核。

1.7 思考与练习

1. 选择题

（1）HTML 是一种标签语言，由（　　）解释执行。

　　A. Web 服务器　　B. Web 浏览器　　C. 操作系统　　D. 无需解释

（2）下面不正确的 IP 地址为（　　）。

　　A. 172.10.16.1　　B. 127.0.0.1　　C. 192.256.10.1　　D. 192.18.0.1

（3）目前的 Web 标准不包括（　　）。

　　A. 结构标准　　B. 表现标准　　C. 行为标准　　D. 动态标准

（4）下面哪个不属于 Web 前端技术（　　）。

　　A．HTML　　　　　　B．CSS　　　　　C．JavaScript　　　　D．PHP

（5）下面哪个不属于 Web 服务端技术（　　）。

　　A．PHP　　　　　　　B．CSS　　　　　C．JSP　　　　　　　D．ASP.NET

（6）下面哪个不属于 Web 服务器？（　　）

　　A．IIS　　　　　　　B．Apache　　　　C．Trident　　　　　D．Nginx

（7）下面哪些是"Rendering Engine"？（　　）

　　A．Trident　　　　　B．Gecko　　　　　C．WebKit　　　　　D．Presto

（8）下面哪些属于标签语言？（　　）

　　A．SGML　　　　　　B．HTML　　　　　C．XML　　　　　　D．XHTML

2．简答题

（1）名词解释：Internet、IP 地址、DNS、域名。

（2）HTML 语言有哪些特点？

1.8　上机实例练习——浏览器安装及内核检测

　　请在计算机上安装几种不同内核的浏览器，并检测浏览器的内核版本，浏览器的地址栏通过输入"http://ie.icoa.cn/"来检测。

第2章
开发工具介绍

工欲善其事，必先利其器。好的开发工具毋庸置疑会帮助 Web 前端开发者事半功倍，然而 Web 前端开发工具繁多，如何去选择符合自己需要的开发工具成了一个问题，尤其对初学者来说更不知道如何选择。本章将对一些常见的 Web 前端开发工具做一些介绍，方便初学者迅速了解和做选择。

学习目标

- 了解图片和动画开发工具
- 了解常见 Web 开发代码工具
- 熟悉 Dreamweaver 基本操作

2.1 Web 开发工具

Web 的开发工具很多，根据不同的开发需要，要做不同的选择，不同的开发人员对开发工具的喜好也不尽相同。Web 前端开发工具包括：图片图像处理工具、动画影音处理工具、代码编写工具等。下面对常见的 Web 前端开发工具做一些介绍。

2.1.1 Photoshop 图像制作

Adobe Photoshop，简称"PS"，是由 Adobe Systems 开发和发行的图像处理软件（见图 2-1）。

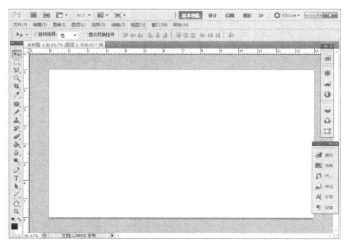

图 2-1　Adobe Photoshop CS5 主界面

Photoshop 主要处理以像素所构成的数字图像。使用其众多的编修与绘图工具，可以有效地进行图片编辑工作。在制作网页时，Photoshop 是难得的网页图像处理软件。2013 年 7 月，Adobe 公司推出了最新版本的 Photoshop CC。Photoshop CS6 作为 Adobe CS 系列的最后一个版本被新的 CC 系列取代。根据运行计算机配置合理地选择 PS 版本，不要一味地追求高版本，目前的 CS5、CS6 和 CC 都不错。

2.1.2　Fireworks 网页作图

Fireworks 是 Adobe 推出的一款网页作图软件，软件可以加速 Web 设计与开发，是一款创建与优化 Web 图像和快速构建网站与 Web 界面原型的理想工具。使用 Fireworks 不仅可以轻松地制作出十分动感的 GIF 动画，还可以轻易地完成大图切割、动态按钮、动态翻转图等，因此，对于辅助网页编辑来说，Fireworks 将是最大的功臣（见图 2-2）。

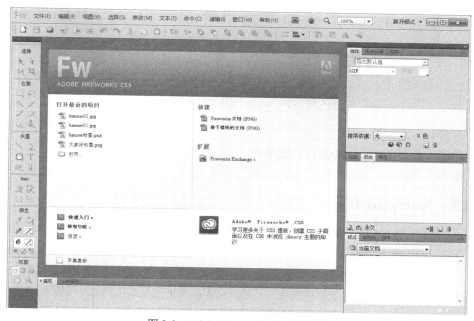

图 2-2　Adobe Fireworks CS5 主界面

2.1.3　Flash 网页动画

Flash（见图 2-3）是一种集动画创作与应用程序开发于一身的创作软件，为创建数字动画、交互式 Web 站点、桌面应用程序以及手机应用程序的开发提供了功能全面的创作和编辑环境。Flash 广泛用于创建吸引人的应用程序，它们包含丰富的视频、声音、图形和动画。可以在 Flash 中创建原始内容或者从其他 Adobe 应用程序（如 Photoshop 或 Illustrator）导入它们，快速设计简单的动画，以及使用 Adobe ActionScript 3.0 开发高级的交互式项目。

2.1.4　记事本

在 Windows 操作系统中，记事本是一个小的应用程序，是一个简单的文本编辑器，用于文字信息的记录和存储。记事本的特点是只支持纯文本。一般来说，如果把文本从网页复制并粘贴到一个文字处理软件，它的格式和嵌入的媒体将会被一起粘贴并且难以去除。但是，如果将这样一个文本先粘贴到记事本中，然后从记事本中再次复制到最终需要的软件里，记事本将会去除所有的格式，只留下纯文本，在某些情况下相当有用。记事本也是一个很好的代码编辑工具，同时可以很方便用记事本制作网页，后面章节有详细介绍。

图 2-3　Adobe Flash CS5 主界面

记事本打开方法如下。

（1）单击「开始」>>程序>>附件>>记事本。

（2）单击「开始」>>运行>>输入 Notepad。

2.1.5　Notepad 代码编辑器

Notepad++（见图 2-4）是 Windows 操作系统下一套非常有特色的自由软件的纯文字编辑器，有完整的中文化接口及支持多国语言编写的功能(UTF8 技术)。它的功能比 Windows 中的 Notepad(记事本)强大；除了可以用来制作一般的纯文字说明文件，也十分适合当做编写计算机程序的编辑器。Notepad++不仅有语法高亮度显示，也有语法折叠功能，并且支持宏以及扩充基本功能的外挂模组。

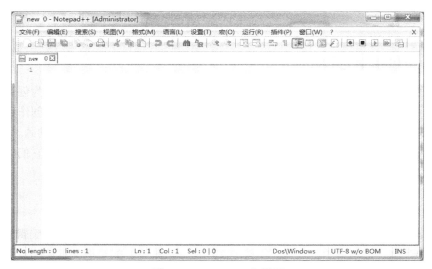

图 2-4　Notepad++ 主界面

Notepad++是一款非常有特色的编辑器，是开源软件，可以免费使用，自带中文；支持的语言有：C，C++，Java，pascal，C#，XML，SQL，Ada，HTML，PHP，ASP，AutoIt，汇编，DOS 批处理，Caml，COBOL，Cmake，CSS，D，Diff，ActionScript，Fortran，Gui4Cli，HTML，Haskell，INNO，JSP，KIXtart，LISP，Lua，Make 处理（Makefile），Matlab，INI 文件，MS-DOS Style，NSIS，Normal text，Objective-C，Pascal，Python，JavaScript，Verilog，Haskell，InnoSetup，CMake，VHDL，AdaCaml，AutoItKiXtart，Matlab 等。

2.1.6　EditPlus 代码编辑器

EditPlus（见图 2-5）是一款由韩国 Sangil Kim（ES-Computing）出品的小巧但是功能强大的可处理文本、HTML 和程序语言的 Windows 编辑器，同时支持 C、C++、Perl、Java 等语言。另外，它还内建完整的 HTML & CSS 指令功能，对于习惯用记事本编辑网页的朋友，它可帮你节省一半以上的网页制作时间。

EditPlus（文字编辑器）汉化版是一套功能强大，拥有无限制的撤销与重做、英文拼字检查、自动换行、列数标签、搜寻取代、同时编辑多文件、全屏幕浏览功能。它还有一个好用的功能，就是具有监视剪贴板的功能，同步于剪贴板，可自动粘贴进 EditPlus 的窗口中，省去粘贴的步骤。

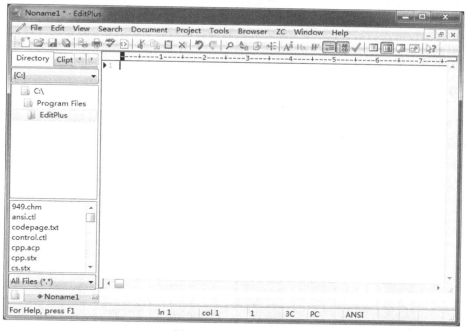

图 2-5　EditPlus 主界面

2.1.7　TextPad 代码编辑器

TextPad（见图 2-6）是一个强大的替代 Windows 记事本 Notepad 的文本编辑器。编辑文件的大小只受虚拟内存大小的限制，支持拖放式编辑，用户可以把它作为一个简单的网页编辑器使用。普通用户也可不安装模板而只使用单独的主程序。它支持 WIN2K 的 Unicode 编码，可以编译、运行简单的 Java 程序。

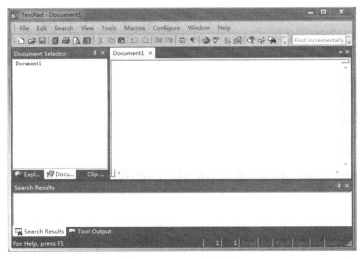

图 2-6　TextPad 主界面

2.1.8　Dreamweaver 网页编辑器

Adobe Dreamweaver，简称"DW"，中文名称"梦想编织者"，是集网页制作和管理网站于一身的所见即所得网页编辑器。DW 是第一套针对专业网页设计师特别发展的视觉化网页开发工具，利用它可以轻而易举地制作出跨越平台限制和跨越浏览器限制的充满动感的网页。后面会有详细介绍，这里不多讲解。

2.1.9　CSS3 Menu——CSS 菜单设计工具

CSS3 Menu（见图 2-7）是一款制作网页导航菜单的工具。内有多种导航栏样式，可以作为参考，只要输入文字调整好颜色，很快就制作出好看的 CSS 网页导航菜单。然后软件有自动发布的功能导出标准的 HTML + CSS 文件。

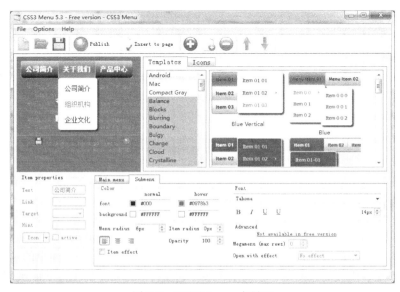

图 2-7　CSS3 Menu　主界面

2.1.10　ColorImpact 颜色方案设计工具

ColorImpact（见图 2-8）是一个应用于 Windows 平台上获得多项大奖的颜色方案设计工具，兼具易用性和高级功能。ColorImpact 在众多设计、多媒体、Web 开发程序中提供出众的色彩整合。

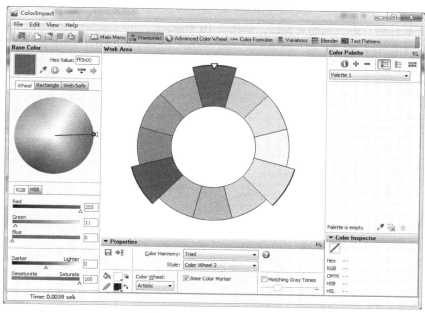

图 2-8　ColorImpact 主界面

ColorImpact 主要功能有：单击即可建立漂亮的颜色方案；通过内置的高级工具探索颜色语言的强大之处；全新颜色混合；高级颜色公式；全新的高级颜色方案分析；自定义调色板；导出颜色方案到其他设计程序；全新颜色设计等。它提供了多种色彩选取方式，支持屏幕直接取色，非常方便易用。

2.2　Dreamweaver 软件的使用

Adobe Dreamweaver 是一款集网页制作和管理网站于一身的所见即所得网页编辑器。Dreamweaver 是第一套针对专业网页设计师特别发展的视觉化网页开发工具。网页设计师利用它可以轻而易举地制作出跨越平台限制和跨越浏览器限制的充满动感的网页。

由于 Dreamweaver 支持代码、拆分、设计、实时视图等多种方式来创作、编写和修改网页，所以初级人员可以无需编写任何代码就能快速创建 Web 页面。其成熟的代码编辑工具更适用于 Web 开发高级人员的创作。

2.2.1　基本操作

（1）首先双击桌面"Adobe Dreamweaver CS6"快捷方式，打开已安装好的 Dreamweaver 软件，如图 2-9 所示。

图 2-9　Dreamweaver CS6 快捷方式

（2）打开软件后，进入起始页窗口，如图 2-10 所示。

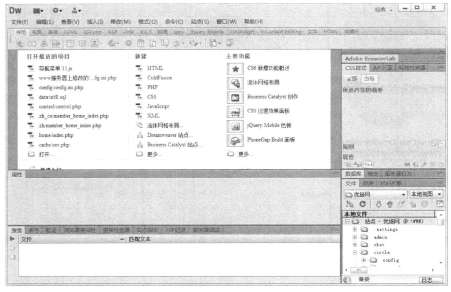

图 2-10　Dreamweaver 起始页窗口

（3）单击新建项目下的"HTML"选项，如图 2-11 所示。

图 2-11　单击"HTML"选项

（4）单击 "HTML" 选项后，进入到工作区，如图 2-12 所示。

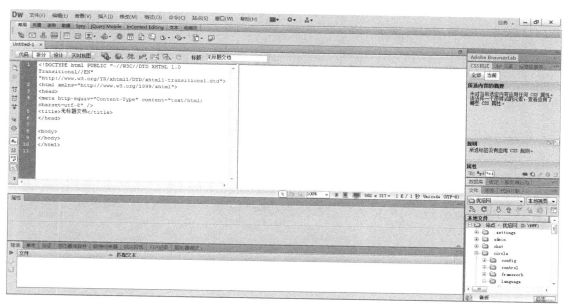

图 2-12　DW 工作区拆分模式

（5）在工作区窗口有三种模式可供选择，分别是 "代码" "拆分" "设计"。如果初学者懂代码，喜欢直接写代码，选择窗口中的 "代码" 模式，如图 2-13 所示。

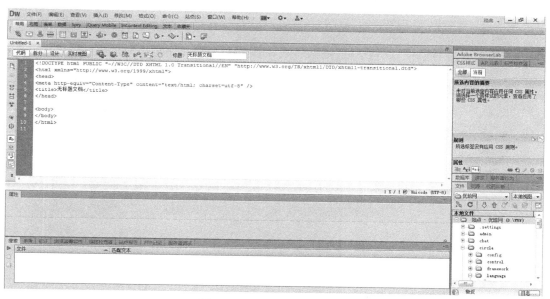

图 2-13　DW 工作区代码模式

（6）如果初学者不懂代码，可以选择 "设计" 模式。在这里可以输入一些文本内容，如："我的第一个 Web 网页"，如图 2-14 所示。当然如果这时用户想看看代码有什么变化，就可以选择 "拆分" 模式或者 "代码" 模式查看。

图 2-14　DW 工作区设计模式

（7）内容输入完后，单击菜单中【文件】>>【保存】选项保存，如图 2-15 所示。

图 2-15　DW 保存网页文件

（8）选择存放网页文件的位置，并输入文件名后，单击保存即可，如图 2-16 所示。

图 2-16　DW 存放网页文件保存界面

2.2.2　界面介绍

1. 主界面

运行 Dreamweaver CS6，进入 Dreamweaver CS6 工作区后，将看到图 2-17 所示画面。

1 为菜单栏，和其他软件一样，该软件所有的操作命令都可以从这一个区内找到；

2 为常用工具栏，经常用的一些工具在这里可以找到，这样做的目的是方便快捷地使用常用工具，可以加快开发效率；

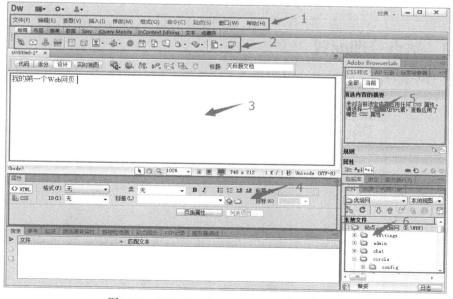

图 2-17　Adobe Dreamweaver CS6 工作区主界面

3 为工作区的开发窗口，网页主体的内容在这里显示与修改；

4 为属性面板，方便对网页中的页面及元素属性进行修改；

5 为面板组，这里放一些常见的面板，可以在主菜单中的【窗口】下拉菜单中选择显示或隐藏；

6 为当前开发站点的目录和文件。

2. 首选参数

第一次使用 Adobe Dreamweaver 是可以做些基本设置，在【编辑】>>【首选参数】中设置，如图 2-18 所示，一般使用默认设置即可。

图 2-18　Adobe Dreamweaver CS6 首选参数

第一次使用，建议单击左边【分类】下的每个选项看看，如 CSS 样式、代码格式、代码颜色等。

2.2.3　站点管理配置

（1）在 DW 软件的主页面中，单击菜单中【站点】>>【新建站点】，出现图 2-19 所示界面。

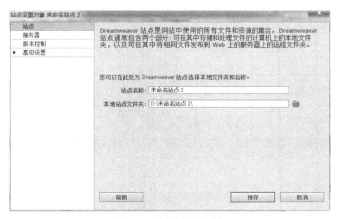

图 2-19　站点设置对象

（2）在上面输入"站点名称"和"本地站点文件夹"。站点名称可以随便取名，但建议取一些有意义的名称，便于理解，如图 2-20 所示，输入完后单击保存即可。

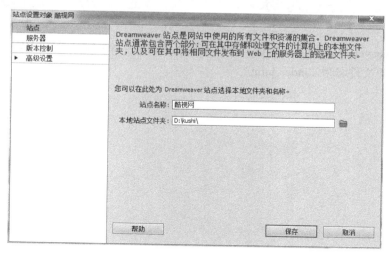

图 2-20 站点设置对象

2.3 知识点提炼

本章主要介绍了 Web 前端开发常见的工具，包括：PhotoShop 和 Fireworks 图片工具；Flash 动画工具；Windows 记事本、Notepad、EditPlus、TextPad 代码工具；CSS3 Menu 菜单设计工具；ColorImpact 颜色配色工具；最后重点介绍了 Dreamweaver CS6 基本操作、界面介绍、站点管理等。

2.4 思考与练习

1. 选择题

（1）下面哪些属于图片工具软件?（　　　）

 A. Adobe Photoshop B. Fireworks C. Flash   D. Notepad

（2）下面哪些属于动画工具软件?（　　　）

 A. Adobe Photoshop B. Fireworks C. Flash   D. Notepad

（3）下面哪些是代码工具软件?（　　　）

 A. Notepad++ B. EditPlus C. TextPad D. Windows 记事本

（4）下面哪些属于所见即所得网页编辑器?（　　　）

 A. Photoshop B. Fireworks C. Flash   D. Dreamweaver

2. 简答题

（1）请分类列举出图片工具、动画工具、代码工具。

（2）请说明 Dreamweaver 工具与 Windows 记事本相比有哪些特点?

2.5　上机实例练习——新建站点、新建网页

　　在 Dreamweaver 下新建一个站点，并在本站点下新建一个网页，网页内容为"我的第一个 Web 网页"，网页文件名为"index.html"。

第3章
Web 运行环境搭建

一个 Web 站点，必须部署到具备相应 Web 运行环境服务器中，Web 站点才能被正常访问。为了大家可以边学边测试自己所做的 Web 网页效果，接下来先对 Web 站点运行环境安装及配置做介绍。

学习目标

- Web 常见运行环境介绍
- IIS 安装与配置
- IIS 下站点的配置

3.1 Web 常见运行环境

常用的 Web 服务器有 IIS、Apache、Tomcat、Jboss、Resin 等。

1. IIS

互联网信息服务（Internet Information Services，IIS）是 Windows 产品自带的一种免费的 Web 服务器，安装配置简单。随后内置在 Windows 2000、Windows XP Professional、Windows7 和 Windows Server 2003 及以上版本一起发行，但在 Windows XP Home 版本上并没有 IIS,需要后期安装。

2. Apache

世界排名第一、免费开源的 Web 服务器软件。可以安装运行在绝大多数的计算机平台上，支持大多数语言开发的 B/S 结构软件。一般情况下 Apache 与其他的 Web 服务器整合使用，功能非常强大，尤其在静态页面处理速度上表现优异。

3. Tomcat

Tomcat 是 Apache 下的一个核心子项目，是目前使用量最大的免费的 Java 服务器。主要处理的是 JSP 页面和 Servlet 文件。Tomcat 常常与 Apache 整合起来使用。Apache 处理静态页面，比如 HTML 页面；而 Tomcat 负责编译处理 JSP 页面与 Servlet。在静态页面处理能力上，Tomcat 不如 Apache。由于 Tomcat 是开源免费、功能强大易用的，很多 Java 的初学者都喜欢用它。当然，也有不少中小企业用其与 Apache 整合做 Web 服务器。熟练掌握 Tomcat 的使用是非常必要的。可以这么说，熟练安装配置 Tomcat 是软件测试工程师的必备技能。

4. JBoss

JBoss 是 Red Hat 的产品（Red Hat 于 2006 年收购了 JBoss）。与 Tomcat 相比，JBoss 要专业

些。JBoss 是一个管理 EJB 的容器和服务器，支持 EJB 1.1、EJB 2.0 和 EJB 3.0 的规范，但其本身不支持 JSP/Servlet，需要与 Tomcat 集成才行。一般我们下载的都是这两个服务器的集成版。与 Tomcat 一样，JBoss 也是开源免费的。JBoss 在性能上的表现相对于单个 Tomcat 要好些。当然并非是绝对的，因为 Tomcat 做成集群，威力不容忽视。JBoss 没有图形界面，也不需要安装，下载后解压，配置好环境变量后即可使用。

5．Resin

Resin 是 CAUCHO 公司的产品，它也是一个常用的、支持 JSP/Servlet 的引擎，速度非常快，不仅表现在动态内容的处理，还包括静态页面的处理上。Tomcat、JBoss 在静态页面上的处理能力明显不足，一般都需要跟 Apache 进行整合使用。而 Resin 可以单独使用，当然 Resin 也可以与 Apache，IIS 整合使用。

3.2　Windows7 环境下 IIS 安装

这里介绍 Windows7 环境下 IIS 的安装，其他系统下的安装也是类似的，安装步骤如下。

（1）进入 Windows7 的控制面板，单击"卸载程序"按钮，如图 3-1 所示。

图 3-1　控制面板主界面

（2）选择左侧的"打开或关闭 Windows 功能"，如图 3-2 所示 。

（3）在出现的对话框中，按照图 3-3 的要求勾选"Internet 信息服务"。因为这里只要能运行静态页面就行，所以用默认勾选即可，如图 3-3 所示。

图 3-2　程序卸载界面

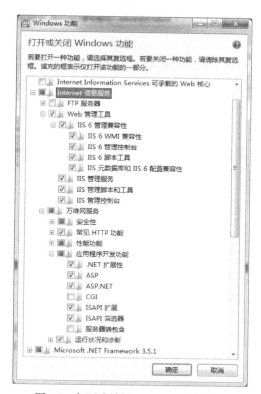

图 3-3　打开或关闭 Windows 功能界面

（4）单击【确定】按钮，进入了安装过程。安装完成后再进入【所有控制面板】>>【管理工具】>>【Internet 信息服务(IIS)管理器】，出现图 3-4 所示界面，说明安装成功。

图 3-4　Internet 信息服务(IIS)管理器

3.3　IIS 中站点配置

上一节介绍了 Web 运行环境下的 IIS 安装，也就是 Web 服务器的安装。下面介绍在 IIS 中怎么配置站点。配置好站点后，用户就可以用浏览器访问配置好的网站。

（1）单击图 3-4 中左边的"小三角"按钮，再单击【网站】按钮，再单击右边的【添加网站】按钮，如图 3-5 所示。

图 3-5　添加网站

（2）如图 3-6 所示，填写"网站名称""物理路径""端口"，默认端口为 80，这里只运行静态网站，填写完信息单击【确定】按钮即可。如果要运行动态网站，还需要对"访问权限、默认首页、是否启动父路径"等进行设置。因与本课程关系不大，所以这里不做介绍。

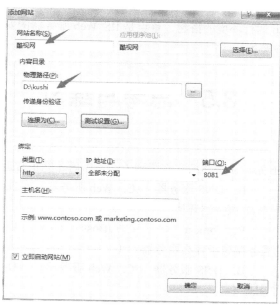

图 3-6　添加网站信息填写

把第 2 章做的"我的第一个 Web 网页"的 index.html 放到"D:\kushi"目录下，再在浏览器地址栏输入"http://localhost:8081/"，运行后显示结果如图 3-7 所示。

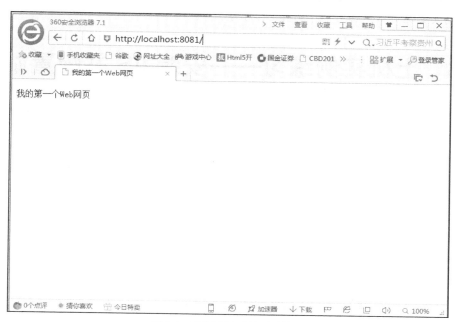

图 3-7　运行网站后的显示效果

看到上面的页面说明站点配置成功，注意这样简单的配置只能运行静态页面。

3.4　知识点提炼

本章主要介绍了 Web 运行环境的搭建，重点是 IIS Web 服务器的安装以及在 IIS 下站点配置等，为后面开发测试做好准备。

3.5　思考与练习

1.　选择题

（1）开发了一个 Web 站点，需要把它部署到（　　　）后才能正常运行。

　　A．操作系统　　　　　　B．DNS 服务器　　C．Web 服务器　　　D．Web 浏览器

（2）下面哪个不属于 Web 服务器环境？（　　　）

　　A．Apache　　　　　　B．Tomcat　　　　　C．JBoss　　　　　　D．JSP

（3）正确安装 IIS 的服务器属于什么服务器？（　　　）

　　A．邮件服务器　　　　B．DNS 服务器　　　C．Web 服务器　　　D．FTP 服务器

（4）Web 服务器的作用是（　　　）。

　　A．为 Web 程序提供运行环境　　　　　　B．为 Web 客户端提供文档

　　C．解析 Web 页面成 HTML 页面　　　　　D．以上都不对

2.　简答题

（1）名词解释：Web 服务器、WWW、IIS。

（2）请简要说明 Web 服务器作用及工作原理。

3.6　上机实例练习——安装 IIS 并配置站点

在自己的计算机上安装好 IIS Web 服务器，并在 IIS 下配置好一个站点，为后面的开发测试做好准备，后面开发的案例都可以放在这个站点下测试。

入门篇

第4章
HTML/CSS/JavaScript 综述

本章通过举例说明 HTML、CSS、JavaScript 之间的关系，HTML、CSS、JavaScript 分别是什么，HTML、CSS、JavaScript 特点又怎么样。

学习目标

- 了解 HTML、CSS、JavaScript 在网页中的角色
- 了解 HTML、CSS、JavaScript 代码特点
- 了解 HTML、CSS、JavaScript 代码结构

4.1　HTML 综述

超文本标签语言或超文本链接标示语言（标准通用标签语言下的一个应用）（HyperText Markup Language，HTML）是一种制作万维网页面的标准语言，是万维网浏览器使用的一种语言，它消除了不同计算机之间信息交流的障碍。

4.1.1　HTML 所扮演的角色

HTML 所扮演的角色是：Internet 上网页设计的主要角色，网页的基础构架，几乎所有的网页都是基于 HTML 构架的，网页中的动画、音频、图像等各种复杂的元素都是基于 HTML 构架。图 4-1 所示的网页中包括了动画、图片、文本等模块元素，从浏览器中右键"查看源代码"，如图 4-2 所示，该网页基本构架就是 HTML。

图 4-1　包括动画、图片、文本等元素的网页

```
2  <!DOCTYPE html>
3  <html>
4  <head>
5
7  <meta http-equiv="content-type" content="text/html;
   charset=GBK" />
8
9  <meta name="baidu-site-verification"
   content="88uu9zxwAJGzPgWC" />
10 <meta property="qc:admins" content="265617054237056375"
11 <meta name="application-name" content="搜狐视频" />
   <meta name="msapplication-tooltip" content="搜狐视频
```

图 4-2　包括动画、图片、文本等元素的网页源代码

　　HTML 是建议浏览器以什么样的方式来显示网页的内容。不同程序设计语言，只要知道标记的含义就可以了。HTML 具有跨平台性，只要有合适浏览器，不管在哪个操作系统都可以浏览 HTML 文件。

4.1.2　HTML 代码片段

　　（1）在计算机中，从菜单选择"【开始】>>【所有程序】>>【附件】>>【记事本】"，打开记事本。在记事本中输入如下代码，代码如图 4-3 所示。这是一个完整的 HTML 代码，以<html>开始，以</html>结束。

　　（2）在记事本中，从菜单选择"文件>>另存为"，将该文件命名为"4-1-2.html"。再用 IE 浏览器打开此文件，网页效果如图 4-4 所示。

```
<html>
<head>
<title>HTML代码片段</title>
</head>
<body>
<h1>HTML代码片段</h1>
<hr />
<p>此网页中未使用CSS和JavaScript代码</p>
</body>
</html>
```

图 4-3　在记事本中输入 HTML 代码　　　图 4-4　在 IE 浏览器中打开 4-1-2.html 网页的效果

4.2　CSS 综述

　　层叠样式表（Cascading Style Sheets，CSS），"样式"是指网页中文字大小、颜色、图片位置等格式；"层叠"是指当 HTML 中引用了数个 CSS 样式时，文件中的样式发生冲突，浏览器将依据层叠顺序处理。简而言之，CSS 是一系列格式规格，用于控制网页内容的外观。使用 CSS 样式可以非常灵活并更好地控制确切的网页外观，从而精确地布局定位到特定的字体和样式。

4.2.1　CSS 所扮演的角色

　　CSS 是目前唯一的网页页面排版样式标准。它能使任何浏览器都听从指令，知道该以何种布局、格式显示各种元素及其内容。CSS 可以控制网页字体的变换和大小，弥补了 HTML 对网页格式化的不足，起了排版定位的作用，可实现页面格式的动态更新。

图 4-1 应用了 CSS 样式的网页。网页的菜单栏、搜索行、页面布局等都是用 CSS 控制的。

4.2.2　CSS 代码片段

（1）在 4.1.2 节所示的代码中，在<head>与</head>间，加入下面的 CSS 代码。这里的 CSS 代码是以<style>开始，</style>结束。

```
<style type="text/css">
<!--
  h1{ font-family:仿宋; font-size:30px; color:blue; }
-->
</style>
```

（2）接着将标题"HTML 代码片段"改为"使用了 CSS 的 HTML 代码片段"，将<body>与</body>间的正文文字改为"此网页中使用了 CSS 代码但未使用 JavaScript 代码"，然后将其另存为"4-2-2.html"，如图 4-5 所示。

（3）用 IE 浏览器打开"4-2-2.html"文件，网页效果如图 4-6 所示，可以看到 CSS 代码起作用了。

将图 4-6 与图 4-1 比较，在<h1></h1>标签中文本的字体、字号以及字的颜色起了变化，这就是 CSS 代码起的作用。

图 4-5　在记事本中输入含有 CSS 的 HTML 代码　　图 4-6　在 IE 浏览器中打开 4-2-2.html 网页的效果

通过上面的操作，可以得出以下两个结论。
（1）CSS 代码可以直接嵌入到 HTML 语言中。
（2）CSS 可以控制网页中文字的显示效果。

4.3　JavaScript 综述

JavaScript 是一种基于对象的脚本语言，这种语言可以被嵌入 HTML 的文件之中。透过 JavaScript 可以做到回应使用者的需求事件（如：form 表单的输入），而不用任何的网络来回传输资料，所以当一位使用者输入一项资料时，它不用传给服务端（server）处理再传回来的过程，而直接可以被客户端（client）的应用程序处理。你也可以想象成有一个可执行程序在你的客户端上执行一样！目前已有一些写好的 JavaScript 程序在 Internet 上，大家可以去看一下。JavaScript 和 Java 很类似，但到底并不一样！Java 是一种比 JavaScript 更复杂许多的程序语言，而 JavaScript 则是相当容易了解的语言。

4.3.1　JavaScript 所扮演的角色

JavaScript 用于开发 Internet 客户端的应用程序。它可以结合 HTML、CSS，实现一个 Web 页面与 Web 客户端交互的功能，解决了 HTML 和 CSS 只能提供给客户一种静态的、缺少交互性(Web 游戏就是一个交互的典型例子)信息的问题。

它的出现使得用户与信息之间不只是一种浏览与显示的关系，而是实现了一种实时、动态、交互的页面功能。这样，静态的 HTML 页面也逐渐被客户端能够做出响应的动态页面所取代。

JavaScript 的特点如下。

（1）是一种解释性脚本语言（代码不进行预编译）。

（2）主要用来向 HTML（标准通用标签语言下的一个应用）页面添加交互行为。

（3）可以直接嵌入 HTML 页面，但写成单独的 JS 文件有利于结构和行为的分离。

（4）跨平台特性，在绝大多数浏览器的支持下，可以在多种平台下运行（如：Windows、Linux、Mac、Android、iOS 等）。

Javascript 脚本语言同其他语言一样，有它自身的基本数据类型，表达式和算术运算符及程序的基本程序框架。Javascript 提供了四种基本的数据类型和两种特殊数据类型用来处理数据和文字。而变量提供存放信息的地方，表达式则可以完成较复杂的信息处理。

4.3.2　JavaScript 代码片段

以 "4-2-2.html" 文件为原型，在此文件的源代码中加入一段 JavaScript 代码，看看有什么效果，这段 JavaScript 代码如下。

```
<script language = "JavaScript">
<!--
alert("这就是 JavaScript 起的作用");
-->
</script>
```

（1）右键单击 "4-2-2.html" 文件，在弹出的快捷菜单中选择 "用记事本打开该文件" 命令，就可以用记事本打开该 HTML 文件。

（2）在 4.2.2 节所示的代码中，在<head>与</head>间，加入如下 JavaScript 代码，如图 4-7 所示。网页效果如图 4-8、图 4-9 所示。

```
<html>
<head>
<title>使用了CSS和JavaScript的HTML代码片段</title>
<style type="text/css">
<!--
h1{font-family:仿宋; font-size:30px; color:blue;}
-->
</style>
<script language = "JavaScript">
<!--
alert("这就是JavaScript起的作用");
-->
</script>
</head>
<body>
<h1>使用了CSS和JavaScript的HTML代码片段</h1>
<hr>
<p>此网页中使用了CSS代码和JavaScript代码</p>
</body>
</html>
```

图 4-7　在记事本中输入含有 CSS 和 JavaScript 的 HTML 代码

图 4-8　在 IE 浏览器中打开 4-3-2.html 网页的效果

图 4-9　单击【确定】后的效果

4.4　小实例——HTML、CSS、JavaScript 的综合应用

1．实例代码（源代码位置：源代码\example\04\4-4.html）

```
<!--实例 4-4.html 代码-->
<html>
<head>
<meta http-equiv="Content-Type" content="text/html;
 charset=gb2312" />
<title>显示日期时间</title>
 <script language=JavaScript>
  function time(){
    //获得显示时间的 div
    t_div = document.getElementById('showtime');
   var now=new Date()
    //替换 div 内容
   t_div.innerHTML = "现在是"+now.getFullYear()
   +"年"+(now.getMonth()+1)+"月"+now.getDate()
   +"日"+now.getHours()+"时"+now.getMinutes()
   +"分"+now.getSeconds()+"秒";
    //等待一秒钟后调用 time 方法，由于 settimeout 在 time 方法内，所以可以无限调用
   setTimeout(time,1000);
  }
</script>
<style type="text/css">
<!--
p{ font-family:黑体; size:60px; color:red}
```

```
-->
</style>
</head>

<body onload="time()">
<div id="showtime"></div>

<p>1.HTML 是网页基础构架 </p>
<p>2.CSS 是控制布局及元素显示效果</p>
<p>3.JavaScript 是增加网页互动</p>
</body>
</html>
```

2．网页效果（图 4-10）

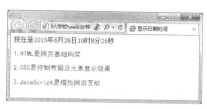

图 4-10　4-4.html 的运行效果

4.5　知识点提炼

　　本章主要介绍了，HTML、CSS、JavaScript 各自的角色及作用，可以总结出以下要点。

　　（1）HTML 是基础架构，CSS 是控制布局和元素显示效果的，JavaScript 是实现网页动态性、交互性的点睛之笔。

　　（2）HTML 的标签，HTML 以<html>开始，以</html>结束。在 HTML 嵌入的 CSS 是以<style>开始，以</style>结束。JavaScript 是以<Script Language="JavaScript">开始，以</Script>结束。

4.6　思考与练习

1．选择题

（1）HTML 代码开始和结束的标签是（　　　）。

　　A．以<html>开始，以</html>结束

　　B．以<style>开始，以</style>结束

　　C．以<head>开始，以</head>结束

　　D．以<body>开始，以</body>结束

（2）内部样式 CSS 代码开始和结束的标签是（　　　）。

　　A．以<html>开始，以</html>结束

　　B．以<style>开始，以</style>结束

　　C．以<head>开始，以</head>结束

　　D．以<body>开始，以</body>结束

（3）内部样式 CSS 代码放在哪个标签内？（　　　）

  A．<html>   B．<title>   C．<head>   D．<body>

（4）JavaScript 代码开始和结束的标签是（　　　）。

  A．以<java>开始，以</java>结束

  B．以<Script>开始，以</Script>结束

  C．以<JavaScript>开始，以</JavaScript>结束

  D．以<style>开始，以</style>结束

（5）下列哪种语言可以实现弹出提示框这样的网页交互性功能？（　　　）

  A．HTML   B．CSS   C．JavaScript   D．以上都可以

2．简答题

（1）简述 HTML、CSS、JavaScript 在网页中所扮演的角色。

（2）用记事本设计一个包括 HTML、CSS、JavaScript 的简单网页。

4.7　上机实例练习——仿照 4-3-2.html 练习

第5章
HTML 基础介绍

HTML 是前端开发的基础，充分理解 HTML 的语言特点及其作用对后期学习非常有帮助。本章通过介绍 HTML 语法、HTML 编写注意事项、在记事本下编写 HTML 文件来达到理解的要求。

学习目标

- HTML **基本语法**
- 编写 HTML 文件的注意事项

本章的代码依旧用记事本编写，第 6 章之后全部用 Dreamweaver 编写。

5.1　HTML 文档结构

首先我们来看看 HTML 文档结构，HTML 文档分文档头 head 和文档体 body 两部分：在文档头 <head>……</head>中，可对文档进行一些必要的定义，如网页标题、关键词、描述、样式等；文档体<body>……</body>中的内容就是网页的主要元素，将来显示的部分。HTML 文档结构如 5-1 所示

图 5-1　HTML 文档结构

正常情况<html>标签是最外层标签，也说明这是一个 HTML 文档。浏览器看到这样结构的文档就认为是 HTML 文档。

5.2　HTML 基本语法

5.2.1　标签语法

1. **什么是标签**

HTML 将用于描述功能的符号称为"标签"。如<html>、<head>、<title>、<body>、<table>

等都是标签。<html>标签表示 HTML 文档的开始。标签在使用时用尖括号"<>"括起来，有些标签必须成对出现，以开头无斜杠的标签（如：<html>）开始，以有斜杠的标签（如：</html>）结束。比如：<form>表示一个表单的开始，</form> 表示一个表单的结束。在 HTML 中，标签的大小写作用相同，如：<form>和<FORM>都是表示一个表单的开始。

2. 标签类型和语法

● 单标签

之所以称为"单标签"，是因为它只需要单独使用就能完整地表达意思，这类标签的语法是

<标签名/>

最常用的是表示换行的单标签
，另外<hr/>、<img/>、<input/>、<meta/>等标签也是单标签，这些在之后的学习中会介绍。

● 双标签

"双标签"由"始标签"和"尾标签"两部分构成，必须成对使用。这类标签的语法是

<标签名>内容</标签名>

其中"内容"部分就是要被这对标签施加作用的部分，例如

这里是双标签

在、中间的"这里是双标签"将会收到标签 b 的作用，会加粗显示。假如我们想让"这里是双标签"这段文件既加粗又倾斜显示，完整 HTML 代码如下。

```
<!--实例 5-2-1.html 代码-->
<html>
<head>
<title>包含标签的标签运用</title>
</head>
<body>
<b><i>这里是双标签</i></b>
</body>
</html>
```

网页效果（图 5-2）

图 5-2　5-2-1.html 运行的效果

标签可以成对嵌套，还可以这样写这里是双标签，但是不可以交叉嵌套，下面这样是错误的：这里是双标签

5.2.2　属性语法

1. 什么是属性

这里说的属性就是标签的属性，我们举个很简单的例子来说明。单标签<img src="logo.jpg" width="200px" height="100px"/>的作用是在网页中插入一张图片，图片路径 src、宽度 width 和高度 height 就是 img 标签的属性。

2. 属性语法

大多数单标签和双标签的始标签内都可以包含一些属性，其语法是：

`<标签名　属性1　属性2　属性3…>`

注意　属性只能放在开始标签内，属性的个数不限，例如`<hr size=2 align=right width="50%">`

size 属性用来定义水平线的粗细，属性值取整数，默认为 1；align 属性表示水平线的对齐方式，可取 left（左对齐，默认值），center（居中），right（右对齐）；width 属性定义水平线的长度，可取相对值（由“ ”引号括起来的百分数，表示相对于充满整个窗口的百分比），默认值是“100%”，也可以取绝对值（用整数表示的屏幕像素点的个数，如 width=300）。

例如下面的代码，其运行效果如图 5-2 所示。

```
<!--实例 5-2-2.html 代码-->
<html>
<head>
<title>属性语法</title>
</head>
<body>
水平线属性 ：粗细为 2，对齐方式为右对齐，
宽度为整个屏幕的 50%。
<hr size=2 align=right width="50%">
</body>
</html>
```

网页效果（图 5-3）

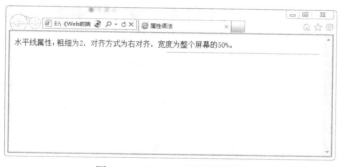

图 5-3　5-2-2.html 的运行效果

不设置属性值（即所有属性都取默认值：size=1 align=left width=“100%”）时，代码如下，运行效果如图 5-3 所示。

```
<!--实例 5-2-3.html 代码-->
<html>
<head>
<title>属性语法</title>
</head>
<body>
水平线属性：默认状态
<hr>
</body>
</html>
```

网页效果（图 5-4）

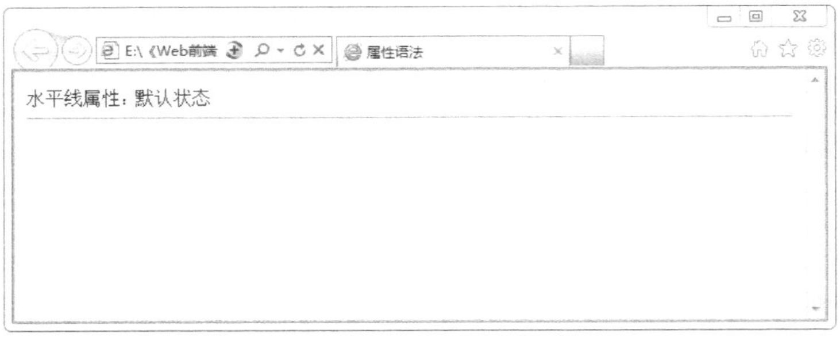

图 5-4　5-2-3.html 的运行效果

5.3　HTML 文件命名规则

为了使浏览器能正常访问网页，在给静态 HTML 文件命名时尽量遵循以下规则。

- 文件的扩展名要以.htm 或.html 结束。
- 文件名中尽可能由字母、数字、下划线组成。
- 文件名中不要包含特殊符号，尽量不要用中文。
- 网站首页文件名默认是 index.html 或 index.htm。

5.4　编写 HTML 文档注意事项

懂得 HTML 语法规范后，在编写时就应该遵守以下一些规范。

- 所有标签都用一对"< >"括起来，这样浏览器就可以知道，尖括号的标签是 HTML 命令。
- 对于双标签，在输入完起始标签后，接着输入完结束标签，以免遗漏。
- 在代码中，不区分大小写。比如：将<body>写成<BODY>或<Body>都可以，建议全部用小写。
- 任何空格或回车在代码中都无效，插入空格或回车有专用的标签，分别是 、
。
- 标签中不要出现空格，否则浏览器可能无法识别，出现异常。比如：将<title>写成<title>。如 5-4-1.html 代码中所示，用浏览器打开 5-4-1.html 文件效果如图 5-5 所示，<title>所定义的文字没有在浏览器标题中显示，反而显示在正文中，去除<title>中的空格后效果如图 5-6 所示，显示正常。

```
<!--实例 5-4-1.html 代码-->
<html>
<head>
< title> 标签中出现空格会怎样 </title>
</head>
<body>
</body>
</html>
```

网页效果（图 5-5、图 5-6）

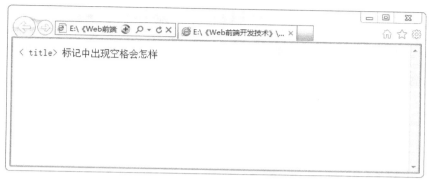

图 5-5　5-4-1.html 的运行效果

图 5-6　去除代码中空格后的运行效果

- 标签中的属性，可以用双引号（""）引起来，也可以不引，下面的写法都是正确的。

```
<hr color="blue">;<hr color=blue>
```

5.5　小实例——简单图文混排网页制作

实例代码（源代码位置：源代码\example\05\5-5.html）

```
<!--实例 5-5.html 代码-->
<html>
<head>
<title>图文混排</title>
<body>
<table align="center">
<tr><td>
  <img src="images/bygC. jpg" width="1000px" height="350px">
</td></tr>
</table>
  <table width="1000px" align="center" cellpadding="5" cellspacing="0"  >
    <tr>
      <td width="210px"><img src="images/pyh.jpg" width="200px" height="100px"> </td>
      <td width="790px"><b><i>鄱阳湖</i></b>   是古代从北方进入江西的唯一水道，发
```
生在鄱阳湖上的文人轶事和民间传说则更是难以胜数。唐代诗人王勃在《滕王阁序》中的名句："渔舟唱晚，响穷彭蠡之
滨"，描述的正是鄱阳湖上的渔民捕鱼归来的欢乐情景。宋代诗人苏轼在《李思训画长江绝岛图》诗中写的"山苍苍，水

茫茫，大孤小孤江中央"，描写的是鄱阳湖的胜景。</td>
```
      </tr>
      <tr>
        <td><img src="images/twg.jpg" width="200px" height="100px"> </td>
        <td><b><i>滕王阁</i></b>  主体建筑净高 57.5 米，建筑面积 13000 平方米。其下部
```
为象征古城墙的 12 米高台座，分为两级。台座以上的主阁取 "明三暗七" 格式，即从外面看是三层带回廊建筑，而内部
却有七层，就是三个明层，三个暗层，加屋顶中的设备层。新阁的瓦件全部采用宜兴产碧色琉璃瓦，因唐宋多用此色。
正脊鸱吻为仿宋特制，高达 3.5 米。
```
      </td>
      </tr>
    </table>
  </body>
</html>
```

网页效果（图 5-7）

图 5-7 5-5.html 运行效果

5.6 知识点提炼

本章主要介绍了 HTML 文档结构、HTML 的基本语法（标签语法与属性语法），以及 HTML
文件的命名规则、注意事项等，这些都是学好 Web 的基础，大家要好好掌握。

5.7 思考与练习

1. 选择题

（1）下面哪组全是合法的 HTML 标签？（   ）

A.　<html>、</head>、<img/>、

B.　<html>、<head/>、<img/>、

C.　<html>、</head>、</img>、</br>

D.　<html>、</head>、<img/>、

（2）下面有关属性的说法错误的是（　　　）。

A.　HTML 标签里面都可以定义多个属性

B.　双标签的属性都是定义在始标签里面

C.　双标签的属性都是定义在尾标签里面

D.　HTML 每个标签都必须带一个或多个属性

（3）下面有关 HTML 文件命名规则不正确的说法是（　　　）。

A.　HTML 文件的扩展名是以.htm 或.html 结束

B.　文件名中尽可能由字母、数字、下划线组成

C.　文件名中可以包含任意特殊符号

D.　文件名中可以使用中文，但尽量不要用

2．简答题

（1）请简要说明 HTML 文档结构。

（2）名词解释：HTML 标签、HTML 属性。

5.8　上机实例练习——用记事本仿 5-5.html 编写一个 HTML 文件

第6章
HTML 文件的标准结构

进一步了解 HTML 文件的标准结构，熟悉文档头和文档主体的作用和意义，学会合理地编写 HTML 文件。

学习目标

- 文档头部内容
- 文档主体内容

6.1 文件头部内容

一个完整的 HTML 文件包括文档头和文档主体。头部标签是成对的<head></head>，通常将这对标签中的内容称为"头部内容"；主体标签是成对的<body></body>。正常情况 HTML 中的头部内容不直接在网页上显示，只有主体部分内容在网页上显示。

6.1.1 设置网页标题<title>

每个 HTML 文件都有一个标题。HTML 标题是在浏览器标题栏中显示，用于说明 HTML 文档的网页名称。在 HTML 文件中，网页标题标签<title> </title>位于<head></head>标签之间。

基本语法

<title>请在此处输入标题名</title>

语法说明

在网页中设置标题，只要在<title> </title>之间输入标题名，在浏览器中预览时可以在标题栏中看到网页标题信息。

实例代码（源代码位置：源代码\example\06\6-1-1.html）

```
<!--实例 6-1-1.html 代码-->
<html>
<head>
<title>请在这里输入网页标题名</title>
</head>
<body>
<p>请看浏览器的标题栏</p>
</body>
</html>
```

网页效果（图 6-1）

图 6-1　设置网页标题预览效果

6.1.2　定义元素信息\<meta\>

在 HTML 文件中，\<meta\> 标签位于文档的头部，不包含任何内容。\<meta\>标签通过一些属性来定义文件的信息，例如：网页关键字（keywords）、网页描述（description）、作者信息、网页过期时间等各种信息。HTML 文件的头部文件可以有多个\<meta\>标签，但\<meta\>标签不是成对的标签。

基本语法

```
<meta http-equiv="" name="" content="">
```

语法说明

\<meta\>标签中的 http-equiv 属性用于设置一个 http 的标题域，但确定值由 content 属性决定；name 属性用于设置元信息出现的形式；content 属性用于设置元信息出现的内容。

实例代码（源代码位置：源代码 \example\06\6-1-2.html）

```
<!--实例 6-1-2.html 代码-->
<html>
<head>
<meta http-equiv="Content-Type" content="text/html">
<meta name="keywords" content="Web 培训、HTML 培训">
<meta name="description" content="这是一个提供培训信息的网站">
<meta http-equiv="Content-Type" content="text/html; charset=utf-8" />
<title>定义元信息</title>
</head>
<body>
优培网欢迎您!
</body>
</html>
```

网页效果（图 6-2）

图 6-2　6-1-2.html 的运行效果

注意

<meta>标签是放在<head></head>之间的。

虽然<meta>标签的信息不会出现在网页中，但是非常重要。如果你能够用好<meta>标签，会给你带来意想不到的效果。例如：加入关键字会自动被大型搜索网站自动搜集；可以设定页面格式及刷新时间等。

6.1.3 设置网页关键词——keywords

网页中的关键字主要是为搜索引擎服务的，有时为了提高网站被搜索到的概率，需要设置多个跟网站主体相关的关键字，例如：制作一个服装的网站，需要对服装的类型设置多个关键字。

基本语法

```
<meta name="keywords" content="value">
```

语法说明

keywords 用于说明定义的关键字，value 为该网页定义的关键字，可以是多个关键字。

实例代码（源代码位置：源代码 \example\06\6-1-3.html）

```
<!--实例 6-1-3.html 代码-->
<html>
<head>
<title>某某某服装网</title>
<meta name="keywords" content="服装设计、服装搭配、服装网">
<meta http-equiv="Content-Type" content="text/html;
 charset=utf-8">
</head>
<body>
本网页中设置了关键词，可以通过源文件查看。
</body>
</html>
```

网页效果（图 6-3）

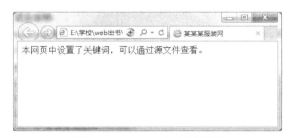

图 6-3　6-1-3.html 运行效果图

6.1.4 设置网页描述——description

description 是对网页的描述，也相当于网页的简介。它是不在网页中显示的，用于搜索引擎，是搜索引擎对网页的一种简单描述，会在搜索引擎的搜索结果中出现，如图 6-4 所示。description 值一般不超过 100 个字符。

基本语法

```
<meta name="description" content="value">
```

语法说明

value 的值就是描述的内容，description 标签给搜索引擎提供了一个很好的参考，缩小了搜索引擎对网页关键词的判断范围。description 标签里往往可以让关键词出现 1 ~ 3 次，从而增加关键词的密度。

实例代码（源代码位置：源代码 \example\06\6-1-4.html）

```
<!--实例 6-1-4.html 代码-->
<html>
<head>
<title>设置网页描述</title>
<meta name="description" content="新森林网络——南昌网站建设公司，8 年建站经验，近 2000
家成功案例。专业南昌网站建设、南昌网站设计、南昌网站优化、系统软件开发等。2012 年电子商务整体解决方
案的倡导者...">
</head>
<body>
此网页设置了网页描述
</body>
</html>
```

在搜索引擎中的搜索结果（图 6-4）

图 6-4　6-1-4.html 在搜索引擎中的搜索结果

6.2　文件主体内容

在 HTML 文件中，<body>、</body>标签之间是主体内容，同时<body>标签也有很多本身的属性，例如：设置页面背景、页边距等。

6.2.1　设置页面背景——bgcolor

在 HTML 文件中，往往需要给网页定义背景颜色，可以通过在<body>中增加属性 bgcolor 来实现，后面学了 CSS 以后还可以用 background 来实现。

基本语法

```
<body bgcolor="">
</body>
```

语法说明

利用<body>标签中的 bgcolor 属性，可以设置网页的背景颜色，颜色的值可以是 6 位 16 进制数或是颜色的单词。

实例代码（源代码位置：源代码 \example\06\6-2-1.html）

```
<!--实例 6-2-1.html 代码-->
<html>
<head>
<title>设置页面背景</title>
</head>
<body bgcolor="#0000FF">
hello!
</body>
</html>
```

网页效果（图 6-5）

图 6-5　6-2-1 的运行效果图

6.2.2　设置背景图片——background

网页编辑者通常是用 CSS 定位控制背景图片，那么用 CSS 控制背景图片就必须要用到 background 属性。

background：简写属性，在一个声明中设置所有的背景属性，如下表所示。

background 属性列表

属性	描述
background	简写属性，在一个声明中设置背景属性
background-image	设置元素的背景图片
background-color	设置元素的背景色
background-repeat	设置背景图片是否重复，以及怎样重复
background-position	设置背景图片的初始位置
background-attachment	设置元素的背景图片是滚动还是固定

基本语法

```
background:blue url(#.jpg) no-repeat right;
```

语法说明

在 background 中可以设置所有背景属性，当然也可以分别设置，如可以将基本语法中的代码可用以下代码代替：

```
background-color:blue;
background-image:url(#.jpg)
background-repeat:no-repeat;
background-position:right;
```

实例代码（源代码位置：源代码 \example\06\6-2-2.html）

```
<!--实例 6-2-2.html 代码-->
<html>
<head>
<style type="text/css">
<!--
body{background:url(images/lm.jpg) no-repeat; }
-->
</style>
<title>设置背景图片</title>
</head>
<body>
</body>
</html>
```

网页效果（图 6-6）

图 6-6　6-2-2.html 的运行效果

6.2.3　设置页面边距

在 HTML 文件中，可以设置页面边距。通过设置页面边距属性的属性值来设置页面显示内容与浏览器的距离，使显示的内容更加美观。

基本语法

```
<body topmargin=value bottommargin=value
    rightmargin=value leftmargin=value>
</body>
```

语法说明

通过设置 leftmargin/topmargin/ rightmargin /bottommargin 不同的属性值来设置显示内容与浏览器的距离：

- leftmargin：设置到外边框左边的距离。
- topmargin：设置到外边框顶端的距离。
- rightmargin：设置到外边框右边的距离。
- bottommargin：设置到外边框底边的距离。

实例代码（源代码位置：源代码 \example\06\6-2-3.html）

```
<!--实例 6-2-3.html 代码-->
<html>
<head>
<title>设置页面边距</title>
</head>
<body topmargin=50 leftmargin=60 rightmargin=70 bottommargin=0>
坚持把简单的事情做好就是不简单，坚持把平凡的事情做好就是不平凡。所谓成功，就是在平凡中做出不平凡的坚持。
这个世界上任何奇迹的产生都是经过千辛万苦的努力而得的，首先承认自己的平凡，然后用千百倍的努力来弥补平凡。
</body>
</html>
```

网页效果（图 6-7）

图 6-7   6-2-3.html 的运行效果

6.2.4   设计正文颜色——text

在 HTML 文件中，可以利用 text 属性给页面中无链接的文字设置颜色。

基本语法

```
<body text="value">
</body>
```

语法说明

在<body>标签中，利用 text 属性设置文字颜色时，也可以同时设置其他的属性，例如：背景、字体等。

实例代码（源代码位置：源代码 \example\06\6-2-4.html）

```
<!--实例 6-2-4.html 代码-->
<html>
<head>
<meta http-equiv="Content-Type" content="text/html; charset=utf-8" />
<title>设置正文颜色</title>
</head>
<body text="#FFFFFF" bgcolor="#333333">
这里设置背景颜色和文本颜色！
</body>
</html>
```

网页效果（图 6-8）

图 6-8　6-2-4.html 的运行效果

6.3　小实例——Web 课程介绍网页

实例代码（源代码位置：源代码 \example\06\6-3.html）

```
<!--实例 6-3.html 代码-->
<html>
<head>
<title>Web 课程介绍</title>
<meta http-equiv="Content-Type" content="text/html; charset=utf-8" />
<meta name="keywords" content="Web 课程介绍">
</head>
<body topmargin=20 leftmargin=50 rightmargin=70 bottommargin=500
bgcolor="#CC3399" text="#FFFFFF">
<center>
  Web 课程介绍
</center>
  <p>本课程是软件工程专业的一门学科基础必修课程，主要包括 Web 技术综述、Web 的体系结构及标准、Web 运
行服务器、相关开发语言及开发工具。通过课程学习，使学生：  <br/>
  （1）掌握 Web 的基本知识，能搭建简单 Web 服务器及站点配置，熟悉开发工具及测试工具的使用。<br/>
  （2）掌握 HTML 基本知识、HTML 常用标签及语法要求；CSS 基本语法、CSS 常见使用方法；熟悉超链接使用、表单设计、
表格布局、DIV+CSS 布局方法；了解 JavaScript 基本语法及使用方法等专业知识；具有 Web 前端设计编码能力。</p>
</body>
</html>
```

网页效果（图 6-9）

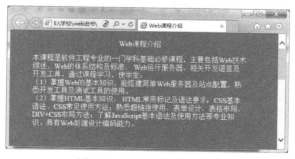

图 6-9　6-3.html 的运行效果

6.4　知识点提炼

本章主要介绍了 HTML 文件的标准结构，HTML 文件头部和主体的内容。文件主体头部内容

包括设置网页标题、定义元素信息、设置网页关键词、设置网页描述；文件主体内容有设置页面背景颜色、设置背景图片、设置页面边距、设置正文颜色。大家要好好掌握如何设置网页标题、添加关键词、添加描述、设置页面背景颜色或背景图片、设置页面边距以及设置正文颜色。

6.5　思考与练习

1. 选择题

（1）下面哪一组标签属于 HTML 文件中的头部标签？（　　　）

  A．<html>...</html>　　　　　　　　B．<head>...</head>

  C．<title>...</title>　　　　　　　　D．<body>...</body>

（2）HTML 网页的关键词、描述、标题标签的父标签是（　　　）。

  A．<html>...</html>　　　　　　　　B．<head>...</head>

  C．<title>...</title>　　　　　　　　D．<body>...</body>

（3）下面哪项不属于<body>标签的属性？（　　　）

  A．text　　　　　　B．bgcolor　　　　　C．topmargin　　　　D．keywords

（4）有关 HTML 标准结构说法不正确的是（　　　）。

  A．每个 HTML 文档都有一个标题，标题标签为<title></title>

  B．HTML 文档中代码的根标签为<html></html>

  C．一个完整的 HTML 文件包括文档头和文档主体两部分

  D．一个 HTML 文档可以有多个文档主体<body></body>

2. 简答题

（1）请列举说明文档头<head></head>中有哪些常见的子标签。

（2）请列举说明文档体<body></body>中有哪些常见的属性。

6.6　上机实例练习——个人文字简历网页

第7章
文本与段落

HTML 文档中可以添加文本内容和非文本内容。本章主要讲解文本的添加、添加注释、文本修饰等，但这一切都要利用 HTML 标签来实现，因此也可以理解为 HTML 文本类标签的使用。

学习目标

- 内容编辑
- 文本修饰
- 段落排版

7.1 内容编辑

网页最重要的意义在于传递信息，所以在网页里面添加内容也是网页制作的一项工作。网页元素包括：文本、图片、音频、视频、动画等。这里先介绍文本的添加及修改，后面的章节中会陆续介绍其他网页元素的添加。

7.1.1 添加文本

在网页文件中，添加文本的方式与 Word、记事本、写字板等添加文本的方式相同，只要在需要输入文本的地方进行输入就可以完成。

基本语法

```
<body>
添加文本的地方
</body>
```

语法说明

在 HTML 中添加文本，只要在<body></body>之间，需要插入文本的地方输入文本就可以实现。

实例代码（源代码位置：源代码 \example\07\7-1-1.html）

```
<!--实例 7-1-1.html 代码-->
<html>
<head>
<title>添加文本</title>
<meta http-equiv="Content-Type" content="text/html; charset=utf-8" />
</head>
<body>
超级文本标签语言(HTML)是为"网页创建和其他可在网页浏览器中看到的信息"设计的一种标签语言。
"超文本"就是指页面内可以包含图片、链接、甚至音乐、程序等非文字元素。
```

超文本标签语言的结构包括"头"部分（Head）、和"主体"部分（Body），其中"头"部提供关于网页的信息，"主体"部分提供网页的具体内容。

```
</body>
</html>
```

网页效果（图 7-1）

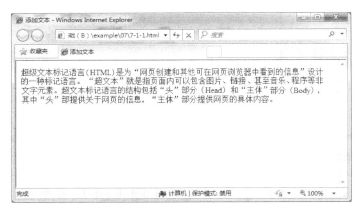

图 7-1　7-1-1.html 的运行效果

7.1.2　添加注释<!-- -->

任何计算机语言都有自己的注释方法，HTML 也不例外。在 HTML 文件中，为了增加代码的可读性，需要对代码添加相应的注释。这些注释有利于程序员对代码的检查与维护，注释信息不会在网页中显示。

基本语法

```
<html>
<head>
<!--请在此添加注释语句-->
<title>添加注释</title>
<!--请在此添加注释语句-->
</head>
<body>
<!--请在此添加注释语句-->
</body>
</html>
```

语法说明

给代码添加注释语句时，<!-- -->可放在 HTML 文件的任何地方，都不会在网页中显示出来。

实例代码（源代码位置：源代码 \example\07\7-1-2.html）

```
<!--实例 7-1-2.html 代码-->
<html>
<head>
<meta http-equiv="Content-Type" content="text/html; charset=utf-8" />
<title>添加注释</title>
</head>
<body>
<!--下面是 Web 简介-->
<img src="images/weB. jpg" width="200" height="150"/>
<p>Web 的本意是蜘蛛网和网的意思，在网页设计中我们称为网页的意思。现广泛译作网络、互联网等技术领域。
表现为三种形式，即：超文本（hypertext）、超媒体（hypermedia）、超文本传输协议（HTTP）。</p>
</body>
</html>
```

网页效果（图 7-2）

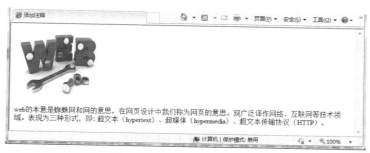

图 7-2　7-1-2.html 的运行效果

7.1.3　添加空格

在 HTML 文件中，添加空格的方式与其他文档添加空格的方式不同，HTML 语法中空格属于特殊符号，需要在代码中输入 ，不像 Word、记事本直接通过键盘空格键输入。

基本语法

```
<body>
 
</body>
```

语法说明

在 HTML 文件中，添加空格需要使用代码 " "，需要多少空格就需要输入多少个 " "。

实例代码（源代码位置：源代码 \example\07\7-1-3.html）

```
<!--实例 7-1-3.html 代码-->
<html>
<head>
<title>添加空格</title>
<body>
       
   找培训机构，就上优培网!
</body>
</html>
```

网页效果（图 7-3）

图 7-3　7-1-3.html 的运行效果

7.1.4　添加删除线<del>

在 HTML 文件中，给需要添加删除线的文字使用成对的<del></del>标签，就可以在网页中的文字添加删除线。

基本语法

```
<body>
<del>在此输入需要添加删除线的文字</del>
</body>
```

语法说明

在<del></del>标签之间的文本，在网页中显示被添加了删除线的效果。

实例代码（源代码位置：源代码 \example\07\7-1-4.html）

```
<!--实例 7-1-4.html 代码-->
<html>
<head>
<title>添加删除线</title>
</head>
<body>
给下面文字添加删除线<br />
<del>添加了删除线的文字</del>
</body>
</html>
```

网页效果（图 7-4）

图 7-4　7-1-4.html 的运行效果

7.1.5　插入特殊符号

在 HTML 文件中，插入特殊字符与插入空格符号的方式相同，只要在需要使用特殊符号的地方，输入特殊符号对应的代码即可。部分特殊符号对应的代码如表 7-1 所示。

表 7-1　　　　　　　　　　部分特殊符号与对应代码

符号	对应代码
&	&amp;
©	&copy;
™	&trade;
®	&reg;
￥	&yen;
§	&sect;

基本语法

```
<body>
&amp;……&copy;
</body>
```

语法说明

在 HTML 文件中，输入特殊符号对应的代码，在网页中显示的就是该代码对应的特殊符号。

实例代码（源代码位置：源代码 \example\07\7-1-5.html）

```
<!--实例 7-1-5.html 代码-->
<html>
<head>
<title>插入特殊符号</title>
</head>
<body>
下面这段文字是插入人民币符号和 and 符号后显示的效果:<br />
&yen;170    钢笔  &amp;  铅笔<br />
&yen;45      笔记本
</body>
</html>
```

网页效果（图 7-5）

图 7-5　7-1-5.html 的运行效果

7.2　文本修饰

在 HTML 文件中，添加了文本内容后，还需要对文本进行必要的布局和添加一些效果，使文本在网页中显示得更加美观。下面将介绍一些常见的文本效果设置方式。

7.2.1　简单文本修饰 \<b> \<i> \<u>

在 HTML 文件中，如何设置文本粗体、斜体、下划线。

基本语法

```
<b>加粗的文字</b>
<i>斜体文字</i>
<u>添加下划线的文字</u>
```

语法说明

以上基本语法都是属于 HTML 标签的方法，后面学习 CSS 后，可以采用 CSS 方法来实现加粗、斜体、下划线等。

● 成对的\<b>\</b>标签表示加粗文字显示。

● 成对的\<i>\</i>标签表示斜体文字显示。

● 成对的\<u>\</u>标签表示给文字添加下划线。

实例代码（源代码位置：源代码 \example\07\7-2-1.html）

```
<!--实例 7-2-1.html 代码-->
<html>
<head>
<title>简单文本修饰 </title>
</head>
<body>
普通文字的显示<br>
<b>加粗的文字</b><br>
<i>斜体文字</i><br>
<u>添加下划线的文字</u><br>
</body>
</html>
```

网页效果（图 7-6）

图 7-6　7-2-1.html 的运行效果

7.2.2　设置文本效果<font>

编辑网页文字的样式，主要是设置文字的字体、字号、颜色等属性，利用<font>标签便可以实现。

基本语法

```
<body>
    <font face=" " size=" " color=" " ></font>
</body>
```

语法说明

在 HTML 文件中，利用成对<font></font>标签中的属性方法，可以将网页中的文字根据需要进行样式的编辑。

实例代码（源代码位置：源代码 \example\07\7-2-2.html）

```
<!--实例 7-2-2.html 代码-->
<html>
<head>
<title>编辑网页文字效果</title>
</head>
<body>
没有使用效果后的文字! <br />
<font face="楷体" size="6" color="#0000CC">
使用效果后的文字
</font>
</body>
</html>
```

利用成对的<font></font>标签，结合该标签的属性值，对网页中的文字进行具体设计，其中 face 属性是用来设置字体列表；size 属性是用来设置文字的大小；color 属性则是用来设置文字颜色。

网页效果（图 7-7）

图 7-7　7-2-2.html 的运行效果

7.2.3　文字上下标<sup> <sub>

在 HTML 文件中，文字的上下标不是经常使用，但在数学中的使用更加广泛，比如：在网页中显示一元二次方程求解，就要使用文字的上标或下标进行区分。

基本语法

```
<body>
    <sup>上标内容</sup>
    <sub>下标内容</sub>
</body>
```

语法说明

在 HTML 文件中，成对的标签表示上标，成对的标签表示下标。

实例代码（源代码位置：源代码 \example\07\7-2-3.html）

```
<!--实例 7-2-3.html 代码-->
<html>
<head>
<title>确定文字上下标</title>
</head>
<body>
解下列方程: <br />
x<sup>2</sup>-5x+6=0<br />
解: x<sub>1</sub>=2;
    x<sub>2</sub>=3;<br />
</body>
</html>
```

网页效果（图 7-8）

图 7-8　7-2-3.html 的运行代码

7.2.4　设置地址文本<address>

为了更方便地突出显示联系方式，将联系人的地址信息突出显示，可以在网页中添加地址文字。

基本语法

```
<body>
    <address> 请在此添加地址信息</address>
</body>
```

语法说明

在 HTML 文件中，利用成对的<address></address>标签就可以将网页需要显示的地址文字突出显示，方便搜索引擎识别。

实例代码（源代码位置：源代码 \example\07\7-2-4.html）

```
<!--实例 7-2-4.html 代码-->
<html>
<head>
<title>设置文字地址</title>
</head>
<body>
莫高窟，俗称千佛洞，始建于十六国的前秦时期，历经十六国，
<address>坐落在河西走廊西端的敦煌。</address>
</body>
</html>
```

网页效果（图 7-9）

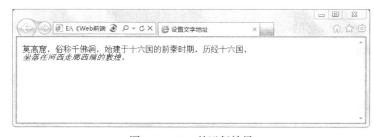

图 7-9　7-2-4 的运行效果

7.3　段落排版

不论是在普通文档，还是在网页文档，合理地使用段落会使文本的显示更加美观，要表达的内容也更加清晰。故在网页编写中，段落排版也是至关重要。

7.3.1　段落<p>

在 HTML 文件中，有专门的段落标签<p>。

基本语法

```
<body>
<p>内容</p>
</body>
```

语法说明

在 HTML 文件中，<p></p>是一个段落标签符号，利用<p></p>可以对网页中的文本信息进行段落的定义，但不能进行段落格式的定义。

实例代码（源代码位置：源代码 \example\07\7-3-1.html）

```
<!--实例 7-3-1.html 代码-->
<html>
<head>
<title>段落</title>
</head>
<body>
<p>
渡荆门送别    作者：李白
渡远荆门外，来从楚国游。
山随平野尽，江入大荒流。
月下飞天镜，云生结海楼。
仍怜故乡水，万里送行舟。
</p>
<p>
望庐山瀑布    作者：李白
日照香炉生紫烟，遥看瀑布挂前川。
飞流直下三千尺，疑是银河落九天。
</p>
</body>
</html>
```

网页效果（图 7-10）

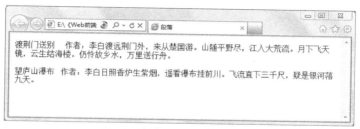

图 7-10　7-3-1.html 的运行效果

7.3.2　换行

在 HTML 文件中，标签
 起到了换行的作用，表示强制性的换行。

基本语法

```
<body>
输入要显示的文字内容<br/>继续输入要显示的内容
</body>
```

语法说明

在 HTML 文件中，利用
标签表示可以在网页中换行。

实例代码（源代码位置：源代码 \example\07\7-3-2.html）

```
<!--实例 7-3-2.html 代码-->
<html>
<head>
<title>回车</title>
</head>
<body>
渡荆门送别    作者：李白<br />
渡远荆门外，来从楚国游。<br />
山随平野尽，江入大荒流。<br />
月下飞天镜，云生结海楼。<br />
```

仍怜故乡水，万里送行舟。
</body>
</html>

网页效果（图 7-11）

图 7-11　7-3-2.html 的运行效果

7.3.3　预格式化<pre>

在 HTML 文件中，利用成对<pre></pre>标签对网页中文字段落进行预格式化，在浏览器预览时会保留代码下面的排版格式显示。

基本语法

```
<body>
<pre>
</pre>
</body>
```

语法说明

在 HTML 文件中，利用<pre></pre>可以对网页文本中的段落格式进行定义。

实例代码（源代码位置：源代码 \example\07\7-3-3.html）

```
<!--实例 7-3-3.html 代码-->
<html>
<head>
<title>预格式化</title>
</head>
<body>
<pre>
            望庐山瀑布
          作者：李白
     日照香炉生紫烟，遥看瀑布挂前川。
     飞流直下三千尺，疑是银河落九天。
</pre>
</body>
</html>
```

网页效果（图 7-12）

图 7-12　7-3-3.html 的运行效果

7.3.4　段落缩进<blockquote>

在 HTML 文件中，可以利用<blockquote></blockquote>设置段落缩进，增加段落的层次效果。

基本语法

```
<body>
    <blockquote>需要缩进的内容</blockquote>
</body>
```

语法说明

在 HTML 文件中，利用成对<blockquote></blockquote>标签对网页中的文本进行缩进，可以更好地体现文本的层次结构。

实例代码（源代码位置：源代码 \example\07\7-3-4.html）

```
<!--实例 7-3-4.html 代码-->
<html>
<head>
<title>段落缩进</title>
</head>
<body>没有缩进的内容
<blockquote>需要缩进的内容<blockquote>
</body>
</html>
```

网页效果（图 7-13）

图 7-13　7-3-4.html 的运行效果

7.3.5　设置水平线<hr/>

在 HTML 文件中，可以利用<hr/>标签在网页中插入一条水平的直线，这条直线在网页中被称为水平线，根据需要还可以对网页中的水平线进行一系列的设置，如表 7-2 所示。

表 7-2　　　　　　　　　　　　　　　　水平线的属性

属性	说明
width	设置水平线宽度，可以是像素，也可以是百分比
size	设置水平线高度
noshade	设置水平线无阴影
color	设置水平线颜色
align	设置水平线对齐方式，取值有：left、right、center

基本语法

```
<body>
    <hr/>
</body>
```

语法说明

在 HTML 文件中，利用<hr/>标签可以插入水平线。水平线标签的属性，可以对水平线进行一些效果设置。

实例代码（源代码位置：源代码 \example\07\7-3-5.html）

```
<!--实例 7-3-5.html 代码-->
<html>
<head>
<title>设置水平线</title>
</head>
<body>
<center>请看添加了水平线的效果</center>
<hr width="50%" size="1" color="#0000CC">
hello, html!
<hr width="100%" size="2" color="red">
</body>
</html>
```

网页效果（图 7-14）

图 7-14　7-3-5.html 的运行

7.4　小实例——唐诗宋词网页设计

实例代码（源代码位置：源代码 \example\07\7-4.html）

```
<!--实例 7-4.html 代码-->
<html>
<head>
<title>唐诗宋词欣赏</title>
</head>
<body>
 <center>唐诗欣赏</center>
 <hr size="2" color="#0000FF"/>
 <pre>
                望庐山瀑布
                  李白
        日照香炉生紫烟，遥看瀑布挂前川。
        飞流直下三千尺，疑是银河落九天。
```

```
</pre>
<center>宋词欣赏</center>
<hr size="2" color="red"/>
<center>      声声慢 
    <sub>李清照</sub></center><br>
<blockquote>寻寻觅觅，冷冷清清，凄凄惨惨戚戚。乍暖还寒时候，
最难将息。三杯两盏淡酒，怎敌他晚来风急！</blockquote><p>
<blockquote><b>雁</b>过也，正伤心，却是旧时相识。满地黄花堆积，憔悴损，如今有谁堪摘？
</blockquote>
守著窗儿，独自怎生得黑！<b>梧桐</b>更兼细雨，
到黄昏点点滴滴。这次第，怎一个<b>愁</b>字了得！
</body>
</html>
```

网页效果（图 7-15）

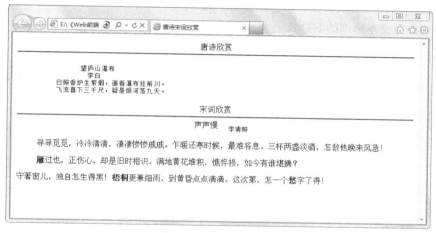

图 7-15　7-4.html 的运行

7.5　知识点提炼

本章主要介绍了文本与段落的标签，包括在网页添加文本、注释、空格、删除线以及插入特殊符号；还有简单文本修饰、设置文本效果和地址文本、给文字添加上下标；还要知道如何对段落进行排版，如：换行、预格式化、段落缩进及设置水平线等。总之正确使用这些标签能更好地编辑网页。

7.6　思考与练习

1. 选择题

（1）下面哪一组不属于字体<font>标签的属性？（　　　）

    A. center   B. size   C. color   D. align

（2）在 HTML 文件中，内容水平居中显示，需要使用的属性是（　　　）。

    A. middle   B. center   C. align   D. valign

（3）在网页中显示版权符号 ©对应的代码是（　　　）。

A. &   B. ©   C. ™   D. ®

（4）在 HTML 标签中，文本加粗显示、斜体显示、添加下划线标签分别为（   ）。

  A. \<b\>\</b\>; \<i\>\</i\>; \<u\>\</u\>

  B. \<b\>\</b\>; \<u\>\</u\>; \<i\>\</i\>

  C. \<i\>\</i\>; \<u\>\</u\>; \<b\>\</b\>

  D. \<i\>\</i\>; \<b\>\</b\>;\<u\>\</u\>

（5）在 HTML 中，换行与插入水平线标签分别为（   ）。

  A. \<hr/\>,\<br/\>   B. \<br/\>, \<hr/\>

  C. \<br/\>,\<h2/\>   D. \<tr/\>, \<hr/\>

2. 简答题

（1）请简述在 HTML 文件中有哪些添加文本的方法。

（2）请列举对文本修饰的 HTML 标签有哪些。

7.7 上机实例练习——重写唐诗宋词网页并设置网页背景和文本颜色等

第8章
列表

在 HTML 文件中，列表是使用最为频繁的标签之一，如新闻列表、导航菜单、图文混排都经常用到列表标签，所以学好列表的使用非常重要。

学习目标

- 列表类型
- 嵌套列表

8.1　列表类

在 HTML 文件中，HTML 还提供了列表，可以对网页文本进行更好的布局。所谓列表：在网页中将项目有序或者无序罗列显示，常见的列表如下表所示。

列表类型与标签符号

列表类型	标签符号
定义列表	dl
无序列表	ul
有序列表	ol
菜单列表	menu
目录列表	dir

接下来将详细介绍无序列表、有序列表、定义列表以及嵌套列表。

8.1.1　无序列表\<ul\>

在 HTML 文件中，只要在需要使用无序列表的地方插入成对的\<ul\>\</ul\>标签，就可以很简单地完成无序列表的插入。

基本语法

```
<ul>
<li>项目名称</li>
<li>项目名称</li>
…
</ul>
```

语法说明

在 HTML 文件中，利用成对<ul></ul>标签可以插入无序列表，但<ul></ul>标签之内必须包括若干个成对的<li></li>标签来添加列表项值。

实例代码（源代码位置：源代码 \ example\08\8-1-1.html）

```
<!--实例 8-1-1.html 代码-->
<html>
<head>
<title>无序列表</title>
</head>
<body>
<ul>
  <li>时间：2015.02.28</li>
  <li>地点：华东交通大学</li>
  <li>事件：请看相关新闻</li>
  </ul>
</body>
</html>
```

网页效果（图 8-1）

图 8-1   无序列表效果图

8.1.2   有序列表<ol>

在 HTML 文件中，只要在需要使用有序列表的地方输入成对的<ol></ol>标签，就可以很简单地完成有序列表的插入。

基本语法

```
<ol>
<li>项目名称</li>
<li>项目名称</li>
…
</ol>
```

语法说明

在 HTML 文件中，利用成对的<ol></ol>标签可以插入有序列表，但<ol></ol>标签内必须包括若干个成对的<li></li>标签来添加列表项值。

实例代码（源代码位置：源代码 \ example\08\8-1-2.html）

```
<!--实例 8-1-2.html 代码-->
<html>
<head>
<title>有序列表</title>
```

```
</head>
<body>
<ol type="a">
  <li>时间：2015.02.28</li>
  <li>地点：华东交通大学</li>
  <li>事件：请看相关新闻</li>
  </ol>
</body>
</html>
```

网页效果（图 8-2）

图 8-2　8-1-2.html 的运行效果

8.1.3　定义列表<dl>

在 HTML 文件中，只要在需要使用自定义列表的地方输入成对的<dl></dl>标签，就可以很简单地完成定义列表的插入。

基本语法

```
<dl>
<dt>名称</dt><dd>说明</dd>
<dt>名称</dt><dd>说明</dd>
…
<dl>
```

语法说明

<dt>标签定义了组成列表项名称部分，同时此标签只在<dl>标签中使用；

<dd>用于解释说明<dt>标签定义的项目名称，此标签也只能在<dl>标签中使用。

实例代码（源代码位置：源代码 \ example\08\8-1-3.html）

```
<!--实例 8-1-3.html 代码-->
<html>
<head>
<title>定义列表</title>
</head>
<body>
<dl>
 <dt>第一名</dt>
  <dd>张三</dd>
  <dt>第二名</dt>
  <dd>李四</dd>
  <dt>第三名</dt>
```

```
<dd>王五</dd>
</dl>
</body>
</html>
```

网页效果(图 8-3)

图 8-3   8-1-3.html 的运行效果

8.2   嵌套列表

在 HTML 文件中，列表的使用非常频繁，嵌套列表的使用不仅使网页的内容更有层次，而且有利于内容布局更加美观，下面将简单介绍几种嵌套的列表使用。

8.2.1   无序与有序嵌套列表

在 HTML 文件中，无论是有序列表还是无序列表都是可以任意嵌套使用的，例如：在无序列表<ul></ul>标签之间插入有序列表<ol></ol>，就可以完成无序列表里面嵌套有序列表。

基本语法

```
<ul>
<li>项目名称</li>
<ol>
<li>项目名称</li>
<li>项目名称</li>
</ol>
<li>项目名称</li>
<ol>
<li>项目名称</li>
<li>项目名称</li>
<li>项目名称</li>
</ol>
</ul>
```

语法说明

将<ol></ol>标签用在<ul></ul>标签之间，实现列表的嵌套。

实例代码（源代码位置：源代码 \ example\08\8-2-1.html）

```
<!--实例 8-2-1.html 代码-->
<html>
<head>
<title>无序与有序嵌套列表</title>
</head>
<body>
```

```
<ul>
  <li>Web 开发工具</li>
  <ol>
  <li>Dreamweaver</li>
  <li>Photoshop</li>
  </ol>
  <li>office 办公软件</li>
  <ol>
  <li>Word</li>
  <li>Excel</li>
  </ol>
  </ul>
</body>
</html>
```

网页效果（图 8-4）

图 8-4　8-2-1.html 的运行效果

8.2.2　定义嵌套列表

在 HTML 文件中，只要在需要使用定义嵌套列表的地方，插入成对的定义列表标签<dl></dl>，标签之间使用多个<dt></dt>和<dd></dd>标签。

基本语法

```
<dl>
  <dt>名称</dt>
    <dd>说明</dd>
    <dd>说明</dd>
  <dt>名称</dt>
    <dd>说明</dd>
    <dd>说明</dd>
    …
</dl>
```

语法说明

● 　<dl></dl>标签表示插入定义列表。

● 　<dt></dt>标签表示插入项目名称。

● 　<dd></dd>标签表示项目名称的说明。

● 　多个<dt>与<dd>的交替使用，构成了定义列表的嵌套。

实例代码（源代码位置：源代码 \ example\08\8-2-2.html）

```
<!--实例 8-2-2.html 代码-->
<html>
<head>
<title>定义列表嵌套</title>
</head>
```

```
<body>
  <dl>
    <dt>四君子</dt>
      <dd>梅</dd>
      <dd>兰</dd>
      <dd>竹</dd>
      <dd>菊</dd>
    <dt>岁寒三友</dt>
      <dd>松</dd>
      <dd>梅</dd>
      <dd>竹</dd>
  </dl>
</body>
</html>
```

网页效果（图 8-5）

图 8-5　8-2-2.html 的代码

8.3　小实例——列表在网页中的应用

实例代码（源代码位置：源代码 \ example\08\8-3.html）

```
<!--实例 8-3.html 代码-->
<html>
<head>
<title>多种列表在网页中的应用</title>
</head>
<body>
Web 前端实例教程
<ul type="circle">
<li>基础知识</li>
<ol>
<li>HTML 语法</li>
<li>CSS 层叠样式表</li>
</ol>
<li>高级知识</li>
<ol type="a">
<li>JavaScript 知识</li>
<li>DIV+CSS 布局</li>
</ol>
</ul>
<dl>
```

```
<dt>作者信息</dt>
<dd>weibo:zhandongming2011</dd>
<dd>wechat:zhandongming2011</dd>
<dd>adress:北京市朝阳区九九路</dd>
</dl>
</body>
</html>
```

网页效果（图8-6）

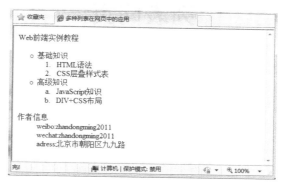

图 8-6　8-3.html 的代码

8.4　知识点提炼

本章详细介绍了无序列表、有序列表、定义列表以及嵌套列表（无序与有序嵌套列表、定义列表嵌套）。

8.5　思考与练习

1．选择题

（1）下面哪一组标签不是定义列表中需要使用的标签?（　　）

    A．<dl>　　　　　　　B．<dt>　　　　　　　C．<do>　　　　　　　D．<dd>

（2）关于列表标签，下列说法错误的是（　　）。

    A．<ol>有序列表　　　　　　　　　　　B．<ul>无序列表

    C．<dl>定义列表　　　　　　　　　　　D．<li>嵌套列表

（3）<dt>和<dd>标签能在（　　）标签中使用。

    A．<dl>　　　　　　　B．<ul>　　　　　　　C．<ol>　　　　　　　D．<li>

（4）<ul></ul>标签之间必须使用（　　）标签添加列表值。

    A．<li></li>　　　　　B．<li>　　　　　　　C．<dl></dl>　　　　　D．<dl>

（5）自定义列表<dl></dl>标签之间不可以包括（　　）。

    A．<dt></dt><dd></dd>　　　　　　　　B．<dt></dt><dd></dd><dd></dd>

    C．<dt></dt>　　　　　　　　　　　　　D．<dt></dd>

2. 简答题

（1）请简述在 HTML 文件中常见的列表类型有哪些。

（2）请写一个无序列表嵌套有序列表的 HTML 代码。

8.6　上机实例练习——制作一个多类别的新闻列表网页

第9章
超链接

超链接技术是 Web 中最为重要的技术之一，页面之间的跳转一般用的是超链接技术，几乎所有站点都会用到超链接。

学习目标
- 超链接概述
- 超链接与路径
- 超链接的建立

9.1　超链接概述

超链接是网页中的精华，假如网页中没有超级链接技术，互联网发展也不会有今天的火热。大家经常碰到，在浏览网页时，单击一张图片或者一段文字链接到一个新的网页，这些功能都是通过超链接来实现的。在 HTML 文件中，超链接的建立是很简单的，关键是正确输入路径地址。掌握超链接的技术对网页的制作是至关重要的。在学习超链接之前，需要先了解一下"URL"。所谓 URL（Uniform Resource Locator），指的是统一资源定位符，通常包括 3 个部分：协议代码、主机地址、具体的文件名。运行浏览器，在地址栏输入：http://www.jd.com，然后按回车键，或单击"转到"按钮，就可以打开京东首页。如图 9-1 所示。

图 9-1　含有超链接的网页

单击"服装城",可以打开网站提供的服装城页面,实现网站页面之间的跳转,这就是超链接。如图 9-2 所示。

图 9-2　单击链接显示的网页

9.2　超链接路径

超链接在网站中的使用十分广泛,一个网站由多个页面组成,页面之间的跳转依靠超链接来完成。在 Web 站点中,每一个文件都有一个存放的位置和路径。了解一个文件与另一个文件之间的路径关系对建立超链接是至关重要的。一般而言,一个网站的文件都是在一个站点文件夹里面的,因此在制作网页过程中,只要弄清楚当前文件与被链接文件的相对路径关系就可以了。

在 HTML 文件中,提供了 3 种路径:绝对路径、相对路径、根路径。

在 HTML 文件中,超链接可以分为内部链接和外部链接。所谓内部链接:指网站内部文件之间的链接;外部链接指的是网站内的文件链接到站点外的文件。

9.2.1　绝对路径

绝对路径指文件的完整路径,包括文件传输的协议 http、ftp 等,一般用于网站的外部链接,例如:

http://www.baidu.com

ftp://192.168.17.18

9.2.2　相对路径

相对路径是指相对于当前文件的路径,它指的是从当前文件指向目标文件的路径。同时只要是处于站点文件夹之内,即使不属于同一个文件目录,用相对路径建立的链接也最理想。采用相对路径建立的两个文件之间的链接,可以不受站点所处服务器位置的影响。下表所示就是采用相对路径的使用方法。

相对路径的使用方法

相对位置	如何输入
同一目录	输入要链接的文档
链接上一目录	先输入 "../"，再输入目录名
链接下一目录	先输入目录名，后加 "/"

9.2.3　根路径

使用根路径也适合内部链接的建立，一般情况下不使用根路径。根路径的使用很简单，以 "/"开头，后面紧跟文件路径，例如：/download/index.html。

9.3　超链接的使用

在网页文件中，超链接通常使用标签<a href= "url">来建立，在这种情况下，当前文件便是链接源，href 设置的属性值便是目标文件路径。

例如：<a href="http://www.jd.com">链接内容</a>

9.3.1　创建内部链接

内部链接一般指在同一个站点下不同页面文件之间的链接。下面将说明同一站点下在两个页面文件之间建立内部链接的方法。

基本语法

```
<a href ="url"> 链接内容 </a>
```

语法说明

在 HTML 文件中，需要使用内部链接时，插入成对的<a></a>标签，再将 href 属性的 url 值设置为相对路径。

实例代码（源代码位置：源代码\ example\09\9-3-1.html）

```
<!--实例 9-3-1.html 代码-->
<html>
<head>
<title>插入内部链接</title>
</head>
<body>
<pre>
                    如梦令
<a href="9-3-1-2.html">李清照</a>
          常记溪亭日暮，沉醉不知归路。
          兴尽晚回舟，误入藕花深处。
          争渡，争渡，惊起一滩鸥鹭。
</pre>
</body>
</html>
```

网页效果（图 9-3 和图 9-4）

图 9-3　插入内部链接

图 9-4　单击链接显示结果

9.3.2　创建外部链接

所谓外部链接指单击页面上的链接可以链接到网站外部网页文件。在建立外部链接时，路径"url"需要使用文件的绝对路径。

基本语法

```
<a href ="url"> 链接内容 </a>
```

语法说明

在 HTML 文件中，需要使用外部链接时，插入成对的<a></a>标签，并将 href 属性的 url 值设置绝对路径。

实例代码（源代码位置：源代码\ example\09\9-3-2.html）

```
<!--实例 9-3-2.html 代码-->
<html>
<head>
<title>插入外部链接</title>
</head>
<body>
<a href="http://www.taobao.com">
淘宝网</a>是亚太地区较大的网络零售、商圈，由阿里巴巴集团在 2003 年 5 月创立。
</body>
</html>
```

网页效果（图 9-5 和图 9-6）

图 9-5　插入外部链接

图 9-6　单击链接显示结果

9.4　小实例——超链接的应用

实例代码（源代码位置：源代码\ example\09\9-5.html）

```
<!--实例 9-4.html 代码-->
<html>
<head>
<title>超链接的应用</title>
</head>
<body>
<a href="9-4-1.html">淘宝网简介</a><!--内部链接-->
<a href="http://www.taobao.com">淘宝网官网</a><!--外部链接-->
</body>
</html>
```

网页效果（图 9-7）

图 9-7　9-4.html 的运行效果

9.5　知识点提炼

本章主要介绍了超链接的概念及运用。

超链接在网页中运用非常频繁，学好超链接首先要学好路径。后面学习了在网页中插入图片后，也可以给图片加超链接，和文本加链接原理一样。请同学们好好掌握。

9.6　思考与练习

1. 选择题

（1）在建立超链接前先要确定好路径，常见的路径有（　　　）。

    A．根路径　　　　　　B．头路径　　　　　　C．相对路径　　　　　D．绝对路径

（2）下面有关超链接的基本代码错误的是？（　　　）

    A．<a href="123.html">链接内容</a>

    B．<a href="123.html"></a>链接内容

    C．<a href="http://www.jd.com">链接内容</a>

    D．<a href="ftp://www.jd.com">链接内容</a>

（3）下面哪个是属于相对路径链接？（　　　）

    A．<a href="abc/123.html">链接内容</a>

    B．<a href="/abc/123.html">链接内容</a>

    C．<a href="http://www.jd.com/abc/123.html">链接内容</a>

    D．<a href="ftp://www.jd.com">链接内容</a>

（4）下面哪个是属于绝对路径链接？（　　　）

    A．<a href="abc/123.html">链接内容</a>

    B．<a href="/abc/123.html">链接内容</a>

    C．<a href="http://www.jd.com/abc/123.html">链接内容</a>

    D．<a href="ftp://www.jd.com">链接内容</a>

（5）下面哪个是属于根路径链接？（　　　）

    A．<a href="abc/123.html">链接内容</a>

    B．<a href="/abc/123.html">链接内容</a>

    C．<a href="http://www.jd.com/abc/123.html">链接内容</a>

    D．<a href="ftp://www.jd.com">链接内容</a>

2. 简答题

（1）名词解释：超链接。

（2）建立超链接时常用的路径有哪些？各写一个代码。

9.7　上机实例练习——小型电子书

第10章
图片与多媒体的使用

在 HTML 文档中，网页元素包括文本、图片、音乐、视频、动画等。前面已经学习过文本的添加与修饰，本章重点介绍图片、音乐、视频、动画等添加方法。

学习目标
- 网页图片的使用
- 视频动画的使用
- 音频的使用

网页的主要组成元素包括文本、图片、音频、视频动画。虽然文本是最主要的网页元素，但图片、音频、视频动画都是必不可少的，而且在网页中最能体现网页特色效果的正是图片、音频、视频动画等元素。本章就将介绍图片与其他多媒体文件在网页中的运用，其中其他多媒体文件主要指音频、视频和 Flash 动画。

10.1　图片

在网页中，图片发挥着越来越重要的作用，相对于文字说明，它拥有着得天独厚的优势。图片"一目了然"，让人们"用很短的时间掌握最多的信息"，适应现代社会和现代人的心理需求。同时还起到美化网站，简化网站等作用。合理应用网页背景图片能达到更漂亮的效果，更容易吸引人们的视线并被大脑记住。

图片的选择和处理也是非常重要的。选用时不仅要考虑图片格式，还有考虑图片的颜色搭配及大小。

一张图片的大小一般不超过 100KB，理想状态是 50KB 以内，当然是在不怎么影响效果的情况下，越小越好。如果图片过大，会增加整个 HTML 文件的体积，这样不利于网上的上传和浏览者进行浏览。若一定要使用大图片，最好对其进行一些处理，将其切割成若干个小图。

图片的颜色搭配主要依赖于网页整体风格。图片的颜色和网页的整体颜色风格尽量保持协调，不要有太大的跳跃性，否则会使浏览者难以接受。

10.1.1　网页图片格式

网页中图片格式的选用是图片的关键因素。不同的图片格式表现出来的颜色分辨率和颜色标准不同，同时还会使图片的体积大小有偏差。网页作为信息的载体，每天都会被很多人浏览，而且图片又是网页中不可缺少的元素，自然会有统一的标准。虽然网页图片有很多种格式，但使用最普遍的还是 GIF、JPEG、PNG 等。下面我们将着重介绍这 3 种格式。

GIF（Graphics Interchange Format），即图片交换格式，最高支持 8 位彩色，分为 GIF87a 和 GIF89a 两种类型，其中 GIF89a 支持"透明""交错""动画"三个特性。"透明"是指可以给图片指定一种颜色，使其不被显示而成为透明；"交错"是指在显示图片的过程中可以从概貌逐渐变化到全貌，看上去也就是清晰度的从小变大；"动画"是指将各幅静态的图片连续显示形成动态画面。

JPEG（Joint Photographic Experts Group），即联合图片专家组格式，最大可支持 32 位彩色。由于存储技术的特别，JPEG 格式的图片比较小，并且它还采用了有损图片压缩技术，允许用户以百分比形式选择图片的质量，从而让用户在图片大小和图片质量之间权衡。JPEG 的文件格式一般有两种文件扩展名：".jpg "和".jpeg "，这两种扩展名的实质是相同的，类似于.htm 和.html 的区别。

 一般照片用 JPEG 格式，而图案、标签等由多块纯色的颜色区域组成的图片则应该以 GIF 格式存储。

PNG（Portable Network Graphic），即可移植的网络图像文件格式。PNG 格式是 WEB 图像中最通用的格式。它是一种无损压缩格式，但是如果没有插件支持，有的浏览器就可能不支持这种格式。PNG 格式最多可以支持 32 位颜色，但是不支持动画图。

其他的图片格式。

BMP（Windows Bitmap），即位图文件格式。BMP 格式使用的是索引色彩，它的图像具有极其丰富的色彩，可以使用 16M 色彩渲染图像。此格式一般用在多媒体演示和视频输出等情况下。

TIFF（Tag Image File Format），即标签图像文件格式。TIFF 格式是对色彩通道图像来说最有用的格式，支持 24 个通道，能存储多于 4 个通道。TIFF 格式的结果要比其他格式更大、更复杂。它非常适合于印刷和输出。

10.1.2 插入图片方法

选好了图片，接下来我们要考虑如何将其放到网页中。在网页中插入一张图片，可以使用 HTML 代码中的\<img/>标签，也可以用 CSS 设置成某个元素的背景图片。本节就先介绍用\<img/>标签来插入图片。\<img/>标签是网页中最常用的图片插入方式。

基本语法

```
<img src="图片地址"/>
```

语法说明

● \<img/>标签的作用是插入图片。该标签含有多个属性，其中 src 是必要属性，其他一些重要属性我们会在后面的几节中一一介绍。

● src 属性用来指定图片文件所在的路径。这个路径可以是相对路径，也可以是绝对路径或根路径等，与超链接路径一样。

实例代码（源代码位置：源代码\ example10\10-1-2.html）

```
<!--实例10-1-2.html 代码-->
<html>
<head>
<title>插入图片</title>
</head>
<body>
<center>
  <font color="#FF66CC">速度与激情中的那些车</font>
```

```
<p> <img src="images/速度与激情2.jpg"></p>
    <img src="images/car.jpg"></center>
</body>
</html>
```

网页效果（图 10-1）

图 10-1　10-1-2.html 的运行效果

10.1.3　设置图片替代文本——alt

在浏览网页时，我们会发现有些图片无法正确显示，此时就需要使用 alt 属性。

alt 属性是一个必需的属性，它规定在图像无法显示时的替代文本。假设由于下列原因用户无法查看图像，<img/>标签的 alt 属性可以为图像提供替代的信息有如下。

（1）网速太慢。

（2）src 属性路径错误。

（3）源图片不存在。

（4）浏览器禁用图像。

（5）用户使用的是屏幕阅读器等。

基本语法

```
<img  src="图片地址"  alt="替代图片的文本 ">
```

语法说明

alt 属性的替代文本可以是中文的，也可以是英文的。

实例代码（源代码位置：源代码\ example\10\10-1-3.html）

```
<!--实例 10-1-3.html 代码-->
<html>
<head>
<title>设置图片替代文本</title>
</head>
<body>
<center>
```

```
设置图片替代文本
<p><img src="images/tam.jpg" alt="天安门" /></p>
</center>
</body>
</html>
```

网页效果（图 10-2 和图 10-3）

图 10-2　10-1-3.html 的运行效果

把 10-1-3.html 源代码中的<img src="images/tam.jpg" alt="天安门" />改成<img src="tam.jpg" alt="天安门" />，再另存为 10-1-3-1.html，运行后效果如图 10-3 所示。

图 10-3　10-1-3-1.html 运行效果

10.1.4　设置图片属性——width、height

<img/> 标签中的 height 和 width 属性是用来设置图片的尺寸。为图片指定 height 和 width 属性是一个好习惯。如果设置了这些属性，就可以在页面加载时为图片预留空间；如果没有这些属性，浏览器就无法了解图片的尺寸，也就无法为图片保留合适的空间，因此当图片加载时，页面的布局就会发生变化。

但是请不要通过 height 和 width 属性来缩放图片，应该用 photoshop 来缩放。

基本语法

```
<img src="图片地址" width="value" height="value ">
```

语法说明

- 这两个 value 值可以是像素，也可以是百分比。

- 在使用宽度和高度属性中，如果只设置了宽度或高度中的其中一个属性，那么另一个属性就会按图片原始宽高等比例缩放显示。若两个属性没有按原始大小的缩放比例来设置，图片显示会变形。

- 当没有设置宽度和高度时，网页就会默认成按原图的 100% 插入。

实例代码（源代码位置：源代码\ example\10\10-1-4.html）

```
<!--实例 10-1-4.html 代码-->
<html>
<head>
<title>设置图片属性宽度和高度</title>
</head>
<body>
<center>
  <font color="#FF00FF">美艳的范爷</font> <p>
  <img src="images/MrsFan.jpeg" width="45%" height="50%">
</center>
</body>
</html>
```

> 设置图片宽度、高度。不设置则为默认值，如图 10-5 所示。

网页效果（图 10-4 和图 10-5）

图 10-4　10-1-4.html 代码的运行效果

图 10-5　去除 width、height 属性值后的网页效果（见源代码资料 10-1-4-2.html）

10.1.5　添加图片链接<a>

前面第 9 章已经介绍了给网页添加超链接，本节要介绍如何给图片添加链接。

基本语法

```
<a href="url" target="目标窗口的打开方式">
<img src="图片地址"/></a>
```

语法说明

href 属性是用来设置图片的链接地址 url；target 属性用来设置目标窗口的打开方式，包含 4 个属性值：_blank、_self、_parent、_top，如下所示。

● 　_blank：浏览器总在一个新打开的窗口中载入目标文档。

● 　_self：这个目标的值对所有没有指定目标的是默认目标，它使得目标文档载入并显示在相同的框架或者窗口中作为源文档。这个目标是多余的，除非和文档标题 <base> 标签中的 target 属性一起使用。

● 　_parent：这个目标使得文档载入父窗口或者包含来超链接引用的框架的框架集。如果这个引用是在窗口或者在顶级框架中，那么它与目标_self 等效。

● 　_top：这个目标使得文档载入包含这个超链接的窗口，用_top 目标将会清除所有被包含的框架并将文档载入整个浏览器窗口。

实例代码（源代码位置：源代码\ example\10\10-1-5.html）

```
<!--实例10-1-5.html 代码-->
<html>
<head>
<title>添加图片链接</title>
</head>
<body>
<center>
<font color="#00FF66" size="+3">添加了链接的图片</font><p>
<ul>
  <li><a href="10-1-5-1.html" target="_self">
  <img src="images/MrsFan.jpeg" width="240" height="150"/>
</a></li>
  <li><a href="10-1-5-2.html" target="_blank">
  <img src="images/food.jpg" width="240" height="150"/></a></li>
  <li><a href="10-1-5-3.html" target="_parent">
  <img src="images/wolf.jpg" width="240" height="150"/></a></li>
</ul>
</center>
</body>
</html>
```

网页效果（图 10-6～图 10-9)

图 10-6　10-1-5.html 代码的运行效果

图 10-7　单击图 10-6 图片中的第一张图片的运行效果

图 10-8　单击图 10-6 图片中的第二张图片的运行效果

图 10-9　单击图 10-6 图片中的第三张图的运行效果

10.1.6　创建图片热区链接

浏览网页时，单击网页中的某个图片也可以跳转到相应的网页页面，这就是在网页制作过程中设置的图像映射。在网页文件中可以同时对多个图片设置图像映射。

基本语法

```
<img src="图片地址" usemap="#映射图片的名称">
<map name="映射图片的名称">
<area shape="热区形状" coords="热区坐标" href="链接到的网页地址/">
</map>
```

语法说明

● <img/>标签表示插入图片文件，src 表示插入图片的路径，用 usemap 属性来引用在<map>标签中所定义的映射图片名称，并且一定要加上#号。

● <map></map>标签表示插入图片映射，该标签只有一个名称，用来定义映射图片的名称。

● <area/>标签表示图片映射区域，该标签有 3 个属性：shape 属性、coords 属性和 href 属性。

● shape 属性表示热区的形状，其 3 个属性值取值如下。

● "rect" 表示矩形区域。

● "circle" 表示椭圆形区域。

● "poly" 表示多边形区域。

● coords 表示热区的坐标，不同形状的 coords 属性设置方式也不尽相同。

● href 属性表示超链接的目标地址。

实例代码（源代码位置：源代码\ example\10\10-1-6.html）

```
<!--实例 10-1-6.html 代码-->
<html>
<head>
<title>设置图片热区链接</title>
</head>
<body>
```

```
<center>
<p>设置图片热区链接</p>
<img src="images/chenxiao.jpg" width="300" height="200" border="2"
 usemap="#Map" />
<map name="Map">
<area shape="rect" coords="2,2,140,46" href="10-1-5.html">
</map>
</center>
</body>
</html>
```

网页效果（**图 10-10**）

图 10-10　10-1-6.html 的运行效果

10.2　多媒体<embed>

网页中经常用到多媒体文件，特别是多媒体中的音频文件、视频文件以及 flash 文件。音频文件常用格式有：MID、WAV、MP3、MIDI；视频文件常用格式有：MPEG、MPG、MOV 等。在网页中插入这些多媒体文件要用<embed></embed>标签，利用该标签可以直接调用多媒体文件。

基本语法

```
<embed src="url" width="value" height="value"
autostart="true|false" loop= "true|false"></embed>
```

语法说明

● src 属性用来指定插入的多媒体文件地址，同时文件一定要加上后缀名。

● width 属性用来设置多媒体文件的宽度，height 属性是用来设置多媒体文件的高度，都是用数字来表示，以像素为单位。

● autostart 属性用来设置多媒体文件的自动播放，只有 true 和 false 两个取值：true 表示在打开网页时自动播放多媒体文件；false 是默认值，表示打开网页时不自动播放。

● loop 属性用来设置多媒体文件的循环播放，只有 true 和 false 两个取值：true 表示多媒体文件将无限循环播放；false 是默认值，表示多媒体文件只播放一次。

下面分别以插入音频、视频、flash 动画为实例进行讲解。

10.2.1 插入音频

实例代码（源代码位置：源代码\ example\10\10-2-1.html）

```
<!--实例 10-2-1.html 代码-->
<html>
<head>
<title>在网页中插入音频</title>
</head>
<body>
<center>
    <p>下面请欣赏邓丽君的《甜蜜蜜》</p>
    <embed src="video&music/甜蜜蜜.mp3" width="320" height="260" autostart="true" loop=
"false"></embed>
</center>
</body>
</html>
```

网页效果（**图 10-11**）

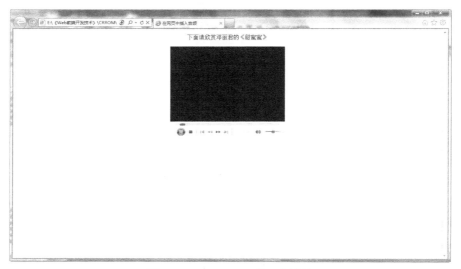

图 10-11   10-2-1.html 的运行效果

10.2.2 插入视频

实例代码（源代码位置：源代码\ example\10\10-2-2.html）

```
<!--实例 10-2-2.html 代码-->
<html>
<head>
<title>在网页中插入视频</title>
</head>
<body>
<center>
    <embed  src="video&music/winds.mov"  width="700"  height="600"  autostart="true"
loop="true"></embed>
</center>
</body>
</html>
```

> 用来设置网页视频的宽度、高度。在音频、Flash 动画中的效果类似。

网页效果（图 10-12）

图 10-12　10-2-2.html 的运行效果

10.2.3　插入 Flash 动画

在网页添加 Flash 动画代码比较复杂，还有需要相应的 JS 文件和 Flash 播放器，因此在网页中插入 Flash 的方法一般都是用 Dreamweaver 工具，具体步骤：插入>>媒体>>SWF 即可。如图 10-13 所示。

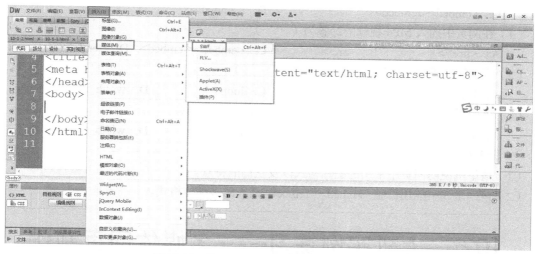

图 10-13　在 Dreamweaver 中插入 Flash 的方法

插入 Flash 动画后的效果，请在浏览器中预览 10-2-3.html 查看。

注意：在 HTML5 中插入 Flash 动画，和插入视频方法一样，用 embed 元素。

10.3　知识点提炼

本章主要讲了网页中 3 种元素的使用。

（1）图片的使用。要在网页中插入一种图片，不仅要知道如何插入图片，还要根据不同情况选择不同的图片格式，而且要合理设置<img/>标签的属性。

（2）音频、视频的使用。

（3）Flash 动画的使用。

10.4　思考与练习

1．选择题

（1）网页中多媒体元素主要指（　　　）。

　　A．图片　　　　　　　B．音频　　　　　　C．视频　　　　　　D．文本

（2）在网页中插入图片的标签是（　　　）。

　　A．　　　　　B．　　　　　C．<embed/>　　　　D．<img/>

（3）在网页中插入 MP3 音频的标签为（　　　）。

　　A．　　　　　　　　　　　　B．

　　C．<embed></embed>　　　　　　　D．<embed>

（4）在网页中插入 MP4 视频的标签为（　　　）。

　　A．　　　B．　　　C．<embed></embed>　D．<embed/>

（5）下面哪些不属于标签<img/>的属性？（　　　）

　　A．href　　　　　　　B．alt　　　　　　　C．loop　　　　　　D．width

（6）下面哪些属性不属于标签<embed></embed>的属性？（　　　）

　　A．src　　　　　　　B．href　　　　　　C．loop　　　　　　D．width

2．简答题

（1）请举例说明网页中常用的图片格式以及它们的特点。

（2）请列举 3 个能用标签< embed>< /embed>插入的多媒体格式。

10.5　上机实例练习——多媒体网页制作

第11章
表格的应用

表格一般用于页面布局。表格布局曾经非常盛行，如今基本上被 DIV+CSS 布局方法取代。本章介绍表格的目的主要是想通过表格简单的布局方法学习，让学习者很好地理解布局思想，为后面 DIV+CSS 布局方法的学习打好基础。

学习目标
- 表格概述
- 表格结构
- 表格属性
- 表格嵌套

11.1 表格概述

制作网页时按一定的形式把网页中的元素组织起来，为使网页便于阅读和页面美观，需要对页面的版式进行规划和布局。表格能将页面分成多个任意的矩形区域。表格在网页制作中是常用的一种简单布局的方法。定义一个表格时，使用成对<table></table>标签就可以完成。网页制作者可以将任何网页元素放入到表格单元中。定义表格常常会用到如表 11-1 所示的标签。

表 11-1　　　　　　　　　　　表格常用元素标签及说明

标签	说明
<table>	表格标签
<tr>	行标签
<td>	单元格标签
<th>	表头标签
<caption>	表格标题

下面是一个两行三列的表格，实例代码为 11-1.html，预览效果如图 11-1 所示。

实例代码（源代码位置：源代码\ example\11\11-1.html)

```
<!--实例 11-1.html 代码-->
<html>
<head>
<title>表格的定义</title>
```

```
</head>
<table width="600" border="1">
  <tr>
    <td> </td>
    <td> </td>
    <td> </td>
  </tr>
  <tr>
    <td> </td>
    <td> </td>
    <td> </td>
  </tr>
  </table>
</html>
```

网页效果（图 11-1）

图 11-1　表格的定义

11.1.1　表格结构<table>

在 HTML 中，只要使用成对的<table></table>标签，就可以完成表格的插入。

基本语法

```
<table>
<tr>
  <td></td>
</tr>
...
</table>
```

语法说明

- <table></table>标签表示插入表格。

- <tr></tr>表示插入一行。

- <td></td>表示插入单元格。

实例代码（代码位置：源代码\example\11\11-1-1.html）：

```
<!--实例 11-1-1.html 代码-->
<html>
<head>
<meta http-equiv="Content-Type"
content="text/html; charset=gb2312" />
<title>插入表格</title>
</head>
<body>
<table width="500" border="1" bordercolor="#000000">
```

```
<tr>
  <td> </td>
  <td> </td>
</tr>
<tr>
  <td> </td>
  <td> </td>
</tr>
</table>
</body>
</html>
```

网页效果（图 11-2）

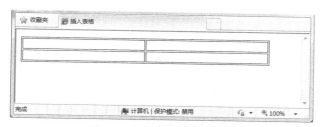

图 11-2　插入表格的运行效果

11.1.2　设置表格标题<caption>

在 HTML 文件中，可以给表格添加一个标题，表格标题是对表格内容进行简单的说明。在 HTML 文件中，使用成对的<caption></caption>标签插入表格标题，该标题应用于<table>标签与<tr>标签之间。

基本语法

```
<table>
<caption>插入表格标题</caption>
  <tr>
    <td></td>
  </tr>
...
</table>
```

语法说明

在 HTML 文件中，使用成对<caption></caption>标签给表格插入标题。

实例代码（代码位置：源代码\example\11\11-1-3.html）

```
<!--实例 11-1-3.html 代码-->
<html>
<head>
<title>插入表格标题</title>
</head>
<body>
<table width="500" border="1" align="center">
<caption>计算机语言</caption>
  <tr>
    <td>Access</td>
    <td>C++</td>
  </tr>
  <tr>
    <td>Dreamweaver</td>
```

```
      <td>FrontPage</td>
  </tr>
</table>
</body>
</html>
```

网页效果（图 11-3）

图 11-3　插入表格标题

11.1.3　设置表格表头<th>

插入表格时，也可以设置表头将表格中的元素属性分类，使用成对<th></th>标签就可以实现。表头内容使用的是粗体样式显示，默认对齐方式是居中。

基本语法

```
<table>
<tr>
    <th></th>
  </tr>
  <tr>
    <td></td>
  </tr>
...
</table>
```

语法说明

在 HTML 文件中，要将第一行作为表格的表头，只要将该行包含的列标签<td>改为<th>即可。

实例代码（代码位置：源代码\example\11\11-1-4.html）

```
<!--实例 11-1-4.html 代码-->
<html>
<head>
<title>设置表格表头</title>
</head>
<body>
<table width="500" border="1" align="center">
<tr>
    <th>浏览器</th>
    <th>防护软件</th>
</tr>
  <tr>
    <td>火狐</td>
    <td>360</td>
  </tr>
  <tr>
    <td>欧朋</td>
    <td>金山毒霸</td>
  </tr>
```

```
</table>
</body>
</html>
```

网页效果（图 11-4）

效果说明：网页文件中的表头会加粗显示。

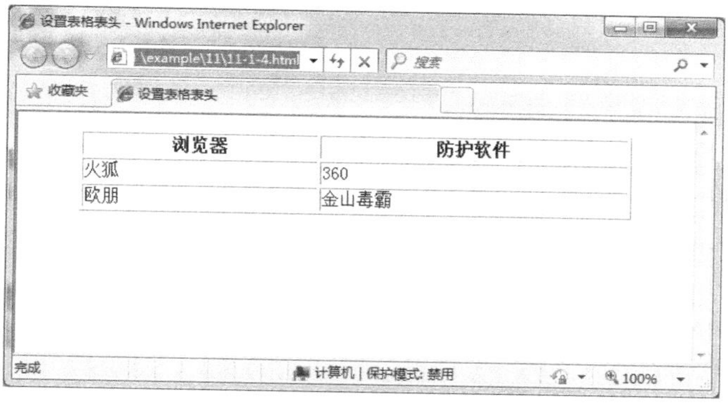

图 11-4　设置表格表头

11.2　表格属性

表格是网页文件中布局的重要元素之一，在利用表格布局页面的过程中常常需要对网页中的表格做一些设置。对表格的设置实质是对表格标签属性的一些设置。

11.2.1　设置表格宽度和高度——width 和 height

在 HTML 文件中，设置表格宽度和高度，只要设置标签<table>的 width 和 height 的属性值就可以实现。

基本语法

```
<table width="" height="">
<tr>
   <td></td>
<tr>
</table>
```

语法说明

在 HTML 文件中，<table>标签中的 width 用于设置表格的宽度，height 属性用于设置表格的高度。

实例代码（代码位置：源代码\example\11\11-2-1.html）

```
<!--实例 11-2-1.html 代码-->
<html>
<head>
<title>设置表格的宽度和高度</title>
</head>
<body>
<table width="500" height="100" border="1">
 <tr>
```

```
  <td> </td>
  <td> </td>
 </tr>
</table>
<table width="200" height="80" border="1">
 <tr>
   <td> </td>
   <td> </td>
 </tr>
</table>
</body>
</html>
```

网页效果（图 11-5）

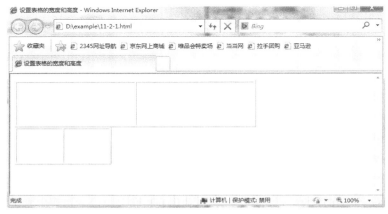

图 11-5　设置表格的宽度

11.2.2　设置表格边框——border

在网页设计中，常常会需要对表格的边框进行一些设置。常用的表格边框属性如表 11-2 所示。

表 11-2　　　　　　　　　　　　　表格边框属性

属性名称	说明
border	边框粗细
bordercolor	边框颜色
bordercolorlight	亮边框颜色
bordercolordark	暗边框颜色

基本语法

```
<table border="" bordercolor="">
  <tr>
    <td></td>
  </tr>
</table>
```

语法说明

- border 属性用于设置边框的粗细。
- bordercolor 设置表格边框的颜色。

实例代码（代码位置：源代码\example\11\11-2-2.html）

```
<!--实例 11-2-2.html 代码-->
<html>
<head>
<title>设置表格的边框属性</title>
</head>
<body>
<table width="470" border="1" bordercolor="#CC0099">
  <tr>
    <td> </td>
    <td> </td>
    <td> </td>
  </tr>
  <tr>
    <td> </td>
    <td> </td>
    <td> </td>
  </tr>
  <tr>
    <td> </td>
    <td> </td>
    <td> </td>
  </tr>
</table>
</body>
</html>
```

网页效果（图 11-6）

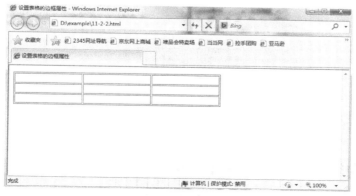

图 11-6 设置表格的边框属性

11.2.3 设置表格边距 cellpadding 和间距 cellspacing

在网页文件中，使用表格进行排版时，为了使布局更加美观，常常需要对单元格的边距和间距进行设置，这样可以使网页中的表格显得不是过于紧凑。

基本语法

```
<table cellpadding="" cellspacing="">
  <tr>
    <td></td>
    <td></td>
  </tr>
</table>
```

语法说明

- cellpadding 属性用于设置边距，即单元格内容到边的距离；
- cellspacing 设置表格间距，即单元格与单元格之间的距离。

实例代码（代码位置：源代码\example\11\11-2-3.html）

```
<!--实例11-2-3.html代码-->
<html>
<head>
<title>设置表格的边框属性</title>
</head>
<body>
<table width="400" border="1" bordercolor="#CC0099"
 cellpadding="10px" cellspacing="5px">
  <tr>
    <td>文本内容到边距离为10px</td>
    <td>文本内容到边距离为10px</td>
    <td>文本内容到边距离为10px</td>
  </tr>
    <tr>
    <td>单元格之间的间距为5px</td>
    <td>单元格之间的间距为5px</td>
    <td>单元格之间的间距为5px</td>
  </tr>
</table>
</body>
</html>
```

网页效果（图 11-7）

图 11-7　设置表格的边距和间距

11.2.4　内容水平对齐——align

在网页文件中，通过设置属性 align 来控制单元格中的内容对齐方式。属性 align 在<tr>标签、<td>标签中都可以使用，只是控制范围有所不同。

基本语法

```
<table>
  <tr align="">
    <td></td>
  </tr>
</table>
```

语法说明

在 HTML 文件中，设置行内容水平对齐方式常用的有：

- left：设置内容左对齐。
- right：设置内容右对齐。

- center：设置内容居中对齐。

注：若<table align="">这样使用，可以控制表格本身水平对齐方式，取值同上。

实例代码（代码位置：源代码\example\11\11-2-4.html）

```
<!--实例11-2-4.html 代码-->
<html>
<head>
<title>调整行内容水平对齐</title>
</head>
<body>
<table width="400" border="1" >
<tr align="center">
    <td>浏览器</td>
    <td>防护软件</td>
</tr>
  <tr>
    <td align="right">火狐</td>
    <td>360</td>
  </tr>
  <tr>
    <td>欧朋</td>
    <td>金山毒霸</td>
  </tr>
</table>
</body>
</html>
```

网页效果（图 11-8）

图 11-8　调整行内容水平对齐

11.2.5　内容垂直对齐——valign

在表格中，内容的垂直对齐方式有顶端对齐（top）、居中对齐（middle）、底部对齐（bottom）和基线（baseline）。设置垂直对齐方式需要设置<tr>标签或<td>标签的 valign 属性值。常用的 valign 属性值有 top、middle、bottom 和 baseline。

基本语法

```
<table>
  <tr valign="">
      <td valign=""></td>
  </tr>
</table>
```

语法说明

在 HTML 文件中，常用的 4 种对齐方式。

- Top：内容顶端对齐。
- middle：内容居中对齐。
- bottom：内容底端对齐。
- baseline：内容基线对齐。

实例代码（代码位置：源代码\example\11\11-2-5.html）

```
<!--实例11-2-5.html代码-->
<html>
<head>
<title>调整行内容垂直对齐</title>
</head>
<body>
<table width="350" height="150" border="1">
<tr>
    <th>网页设计</th>
    <th>数据库开发</th>
    <th>程序设计</th>
</tr>
  <tr valign="top">
    <td>Dreamweaver</td>
    <td>Access</td>
    <td>C++</td>
  </tr>
  <tr>
    <td  valign="bottom">Axure rp</td>
    <td>SQL SERVER 2000</td>
    <td>C#</td>
  </tr>
</table>
</body>
</html>
```

网页效果（图 11-9）

图 11-9　调整行内容垂直对齐

11.2.6　设置跨行——rowspan

在表格布局过程中，有时需要对网页中的表格单元格进行纵向合并，在这里叫作设置跨行，也称单元格合并，通过在<td>中加入 rowspan 属性来实现。

基本语法

```
<table>
<tr>
```

```
<td rowspan=""></td>
</tr>
...
</table>
```

语法说明

在<table>表格中，设置单元格的跨行，只要设置<td>标签中的 rowspan 属性值即可实现。

实例代码（代码位置：源代码\example\11\11-2-6.html）

```
<!--实例11-2-6.html代码-->
<html>
<head>
<title>跨行方式合并单元格</title>
</head>
<body>
<table width="500" border="1" bordercolor="#000000">
  <tr>
    <td rowspan="2"> </td>
    <td> </td>
    <td> </td>
  </tr>
  <tr>
    <td> </td>
    <td> </td>
  </tr>
 </table>
</body>
</html>
```

网页效果（图 11-10）

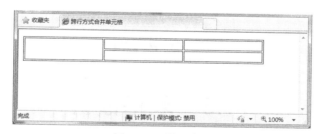

图 11-10 设置跨行

11.2.7 设置跨列——colspan

在表格布局过程中，有时需要对网页中的表格单元格进行横向合并，在这里叫作设置跨列，也称单元格合并，通过在<td>中加入 colspan 属性来实现。

基本语法

```
<table>
<tr>
<td colspan=""></td>
</tr>
...
</table>
```

语法说明

在表格布局中，设置单元格的跨列，只要设置<td>标签中的 colspan 的属性值即可实现。

实例代码（代码位置：源代码\example\11\11-2-7.html）

```
<!--实例 11-2-7.html 代码-->
<html>
<head>
<title>跨列方式合并单元格</title>
</head>
<body>
<table width="500" border="1" bordercolor="#000000">
  <tr>
    <td colspan="2"> </td>
    <td> </td>
  </tr>
  <tr>
    <td> </td>
    <td> </td>
    <td> </td>
  </tr>
</table>
</body>
</html>
```

网页效果（图 11-11）

图 11-11　设置跨列

11.3　表格嵌套

在用表格布局页面的过程中，为了达到一定的布局效果，经常会用表格嵌套来实现，使布局更加合理与美观。表格嵌套是指在一个表格单元格中插入另外一个表格或者多个表格。

基本语法

```
<table>
<tr><td>
<table>
<tr><td></td></tr>
</table>
</td></tr>
</table>
```

语法说明

第一个<table>表示插入第一个表格，第二个<table>表示插入第二个表格，第二个表格在第一个表格的<td></td>标签之间，表示表格嵌套。

实例代码（代码位置：源代码\example\11\11-3.html）

```
<!--实例 11-3.html 代码-->
<html>
<head>
<title>表格嵌套</title>
</head>
<body>
<table width="600" border="1"  cellspacing="0">
  <tr>
    <td width="200">导航菜单</td>
    <td width="200">图片新闻</td>
    <td width="200">资讯快递</td>
  </tr>
  <tr>
    <td>
    <table width="100%" border="1">
    <tr> <td> </td></tr>
    <tr> <td> </td></tr>
    <tr> <td> </td></tr>
    </table>
    </td>
    <td> </td>
    <td> </td>
  </tr>
</table>
</body>
</html>
```

网页效果（图 11-12)

图 11-12 表格嵌套

11.4 小实例——表格在网页布局中的应用

实例代码（代码位置：源代码\example\11\11-4.html）

```
<!--实例 11-4.html 代码-->
<html>
<head>
<meta http-equiv="Content-Type" content="text/html; charset=utf-8" />
<title>表格在网页布局中的应用</title>
</head>
<body>
<table width="800" border="0" align="center" cellpadding="0" cellspacing="0">
  <tr>
    <td width="200" height="100" bgcolor="#00FF00"> </td>
    <td bgcolor="#FF0000"> </td>
```

```
      </tr>
    </table>
    <table  width="800"  border="0"  align="center"  cellpadding="0"  cellspacing="0"
bgcolor="#00FFFF">
      <tr>
        <td height="40"> </td>
        <td> </td>
        <td> </td>
        <td> </td>
        <td> </td>
        <td> </td>
        <td> </td>
        <td> </td>
        <td> </td>
        <td> </td>
      </tr>
    </table>
    <table width="800" border="0" align="center" cellpadding="0" cellspacing="0">
      <tr>
        <td width="400" height="300" bgcolor="#0000FF"> </td>
        <td bgcolor="#CC9900"> </td>
      </tr>
    </table>
  </body>
</html>
```

网页效果（图 11-13）

图 11-13 表格在网页布局中的应用

11.5　用 DW 工具快速创建表格方法

    Dreamweaver 工具提供在可视化状态下快速插入表格的方法，通过这种方法可以大大加快创建表格的速度，同时降低了代码出错的概率。

    第一步，在 Dreamweaver 窗口中新建一个 HTML 文件，并保存为 11-5.html。

第二步，在 Dreamweaver 设计窗口下，鼠标单击插入>>表格，即出现图 11-14 所示的表格新建对话窗口。

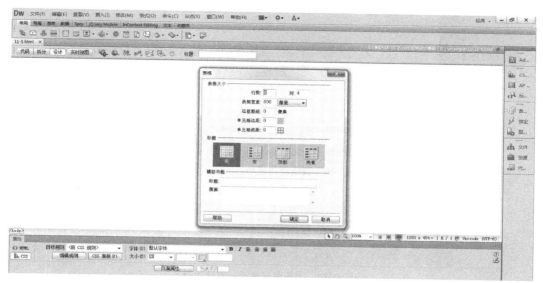

图 11-14　表格新建对话窗口

第三步，按要求输入相应参数，单击确认按钮，即可创建成功。代码窗口下也会自动生成相应表格代码，如图 11-15、图 11-16 所示。

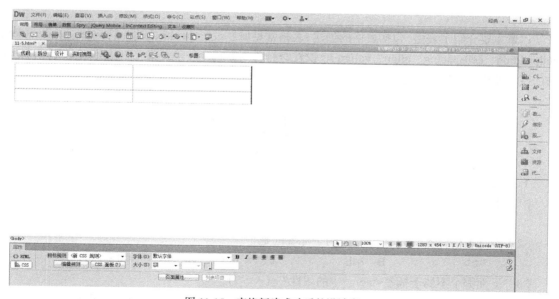

图 11-15　表格新建成功后的设计窗口

在 Dreamweaver 窗口最下面还有个属性面板，在这里可以可视化修改表格<table>或<td>单元格的一些属性。如图 11-17 所示。

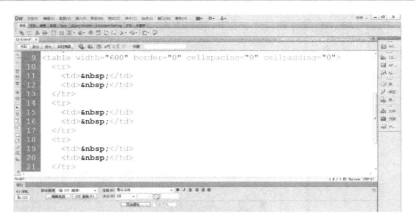

图 11-16   表格新建成功后的代码窗口

图 11-17   表格单元格<td>属性面板

11.6   知识点提炼

本章主要介绍了表格，包括表格的创建、表格常见属性设置（width、height、border、bordercolor、cellpadding、cellspacing、align、valign）、设置跨行跨列方式合并单元格（rowspan、colspan）、表格的嵌套使用、DW 下快速创建表格方法。

11.7   思考与练习

1. 选择题

（1）下面哪个是表格的开始标签？（   ）

    A. <tr>   B. <th>   C. <td>   D. <table>

（2）不是表格标签<table></table>内子标签的是（   ）。

    A. <tr>   B. <th>   C. < align>   D. <td>

（3）下面哪个不属于标签<table>中的属性？（   ）

    A. width   B. border   C. rowspan   D. cellpadding

（4）下面哪个不属于标签<tr>中的属性？（   ）

    A. width   B. align   C. valign   D. bgcolor

（5）下面哪个不属于标签<td>中的属性？（   ）

    A. width   B. border   C. rowspan   D. cellpadding

（6）关于表格单元格合并跨行与跨列的属性分别是（   ）。

A. rowspan，colspan　　　　　　　　B. colspan，rowspan

C. rowlspan，colspan　　　　　　　　D. colspan，rowlspan

2. 简答题

（1）请问一个最简单的表格至少要包括哪些标签？把代码写出来。

（2）请分别写出<table>、<tr>、<td>有哪些常见属性是用于布局的？

11.8　上机实例练习——利用表格布局制作一个网页

第12章
框架的应用

在 HTML 文件中，框架技术应用不多，但它在布局上有自身的特点和优势，在一些特殊布局需求上会用到框架技术，尤其是一些 Web 系统的后台管理基本上都使用了它。

学习目标

- 框架技术的理解
- 普通框架的创建
- 普通框架的属性
- 浮动框架的使用
- 框架的嵌套使用

12.1 框架概述

通过使用框架，你可以在同一个浏览器窗口中显示不止一个页面。每个区域显示的网页内容可以是不同 HTML 文件，每个 HTML 文件称为一个框架，并且每个框架都独立于其他的框架。

接下来我们看一个框架的实例代码及其预览效果。图中显示的效果需要读者的计算机连接 Internet，否则不会出现以上效果。

实例代码（代码位置：源代码\example\12\12-1.html）

```
<!--实例 12-1.html 代码-->
<html>
<head>
<meta http-equiv="Content-Type" content="text/html; charset=utf-8" />
<title>框架概述</title>
</head>
<frameset cols="50%,*">
<frame src="http://www.jd.com"/>
<frame src="http://www.taobao.com"/>
</frameset><noframes><body></body></noframes>
</html>
```

网页效果（图 12-1）

图 12-1　框架概述

12.2　框架的基本结构

框架技术包括框架集和框架两个部分。框架集指在一个网页文件中定义一组框架结构，包括定义一个窗口中显示的框架数，框架的尺寸以及框架中载入的内容；框架用来显示一个网页文件的一个区域。

基本语法

```
<html>
<head>
<title>框架的基本结构</title>
</head>
<frameset>
<frame>
<frame>
...
</frameset>
</html>
```

语法说明

在网页文件中，使用框架集的页面将用<frameset>标签代替<body>标签，然后再利用<frameset>标签去定义框架结构，用<frame>标签定义显示区域，常见的分割框架方式有：水平框架、垂直框架、嵌套框架，后面的章节将会具体介绍。

12.3　设置框架集

框架集指在一个网页文件中定义一组框架结构，包括定义一个窗口中显示的框架数、框架的尺寸以及框架中载入的内容，其属性与框架属性大不相同。

12.3.1　左右分割——cols

在 HTML 文件中，利用 cols 属性将网页进行左右分割。

基本语法

```
<frameset cols="*,*">
<frame src="url">
...
</frameset >
```

语法说明

标签<frameset>中 cols="*,*"这个属性表示框架为左右结构，第一个*为左边框架的宽度，第二个*表示右边框架的宽度，*可以是数字或百分数。假如 cols="200,*"，则表示左边宽度为 200像素，右边框架宽度为剩下全部。

实例代码（代码位置：源代码\example\12\12-3-1.html）

```
<!--实例 12-3-1.html 代码-->
<html>
<head>
<meta http-equiv="Content-Type" content="text/html; charset=utf-8" />
<title>框架概述</title>
</head>
<frameset cols="200,*">
<frame src="left.html"/>
<frame src="right.html"/>
</frameset><noframes><body></body></noframes>
</html>
```

网页效果（图 12-2）

图 12-2　左右分割框架

在 HTML 文件中，利用 cols 属性将网页进行左右分割，分割方式可以是百分比，也可以是具体数值。

12.3.2　上下分割——rows

在 HTML 文件中，利用 rows 属性可以将网页上下分割。

基本语法

```
<frameset rows="*,*">
<frame src="url">
...
</frameset >
```

语法说明

标签\<frameset\>中 rows="*,*"这个属性表示框架为上下结构，第一个*为上边框架的高度，第二个*表示下边框架的高度，*可以是数字或百分数。假如 rows="100,*"，则表示上边高度为 100 像素，下边框架高度为剩下全部。

实例代码（代码位置：源代码\example\12\12-3-2.html）

```
<!--实例 12-3-2.html 代码-->
<html>
<head>
<meta http-equiv="Content-Type" content="text/html; charset=utf-8" />
<title>垂直框架案例</title>
</head>
<frameset rows="110,*">
<frame src="top.html"/>
<frame src="bottom.html"/>
</frameset><noframes><body></body></noframes>
</html>
```

网页效果（图 12-3）

图 12-3　上下分割框架

12.4　嵌套框架

在实际使用中，经常使用到嵌套框架，最为常见的是"厂"字型的框架，也就是先上下分割，再在下方进行左右分割，接下来以这种嵌套结构为例讲解。

基本语法

```
<frameset rows="*,*">
<frame src=" "/>
<frameset cols="*,*">
<frame src=" "/>
<frame src=" "/>
</frameset>
</frameset>
```

语法说明

第一个<frameset rows="*,*">表示外层框架为上下结构，第二个<frameset cols="*,*">表示内层框架为左右结构，这是一个最简单也是比较经典的嵌套框架。

实例代码（代码位置：源代码\example\12\12-4.html）

```
<!--实例 12-4.html 代码-->
<html>
<head>
<meta http-equiv="Content-Type" content="text/html; charset=utf-8" />
<title>嵌套框架案例</title>
</head>
<frameset rows="110,*">
<frame src="top.html"/>
<frameset cols="200,*">
<frame src="left.html"/>
<frame src="right.html"/>
</frameset>
</frameset><noframes><body></body></noframes>
</html>
```

网页效果（图 12-4）

图 12-4　嵌套框架案例

12.5　设置框架<frame>

在 HTML 文件中，框架常用于网页的布局。为了网页的美观和满足设计需求，需要对框架<frame>进行一些简单的设置，下面将具体介绍框架的常用属性设置。如表 12-1 所示。

表 12-1   框架<frame>的常用属性

属性名	作用	举例
src	用于设置框架加载文件的路径	src="left.html"
name	给框架添加名称	name="top"
frameborder	设置框架的边框是否显示	frameborder ="1"
scrolling	是否显示滚动条	scrolling="no"
noresize	是否允许调整框架窗口大小	noresize="noresize"

12.5.1　设置框架源文件属性——src

在框架<frame>中，利用 src 属性可以设置框架中显示文件的路径。

基本语法

```
<frameset>
<frame src="url">
...
</frameset >
```

语法说明

在框架<frame>中，src 用于设置框架加载文件的路径。文件的路径可以是相对路径，也可以是绝对路径。

12.5.2　设置框架名称——name

在框架<frame>中，通过设置 name 属性值，来定义框架名称。

基本语法

```
<frameset>
<frame src="url" name="">
...
</frameset >
```

语法说明

利用框架<frame>标签中的 name 属性给框架添加名称，只是方便识别框架，不会影响框架的显示效果。

12.5.3　设置框架边框——frameborder

在 HTML 文件中，利用框架<frame>标签中的 frameborder 属性可以设置边框的属性。

基本语法

```
<frameset>
<frame src="url" name="" frameborder="value">
...
</frameset >
```

语法说明

在框架中，利用框架<frame>标签中的 frameborder 属性设置框架的边框是否显示：frameborder 属性值为 0 时，不显示边框；frameborder 属性值为 1 时，显示边框。

12.5.4　设置框架滚动条——scrolling

在 HTML 文件中，利用框架<frame>标签中的 scrolling 属性可以设置是否为框架添加滚动条。

基本语法

```
<frameset>
<frame src="url" scrolling="value">
...
</frameset >
```

语法说明

在 HTML 文件中，利用框架<frame>标签中的 scrolling 属性有 3 种方式设置滚动条。

● yes：添加滚动条。

● no：不添加滚动条。

● auto：自动添加滚动条。

12.5.5　调整框架尺寸——noresize

在 HTML 文件中，利用框架<frame>标签中的 noresize 属性可以设置框架的尺寸。

基本语法

```
<frameset>
<frame src="url" noresize="noresize">
...
</frameset >
```

语法说明

在 HTML 文件中，利用框架<frame>标签中的 noresize 属性可以设置值为 noresize：不允许改变框架大小。

12.6　浮动框架

12.6.1　设置浮动框架

浮动框架是框架页面中的一种特例，在浏览器窗口中嵌入子窗口，插入浮动框架使用成对的<iframe></iframe>标签，其标签具体属性如下表 12-2 所示。

表 12-2　　　　　　　　　　　　　　　浮动框架常见属性

属性	说明
src	设置源文件属性
width	设置浮动框架窗口宽度
height	设置浮动框架窗口高度
name	设置框架名称
align	设置框架对齐方式
frameborder	设置框架边框
framespacing	设置框架边框宽度
scrolling	设置框架滚动条
noresize	设置框架尺寸
bordercolor	设置边框颜色
marginwidth	设置框架左右边距
marginheight	设置框架上下边距

基本语法

```
<body>
<iframe src="url" name=""></iframe>
</body>
```

语法说明

在 HTML 文件中，利用框架<iframe>标签中再加上 src、name 属性为网页添加一个浮动框架。

实例代码（代码位置：源代码\example\12\12-6.html）

```
<!--实例12-6.html 代码-->
<html>
<head>
<meta http-equiv="Content-Type" content="text/html; charset=utf-8" />
<title>浮动框架</title>
</head>
<body>
<iframe src="left.html" name="left"></iframe>
</body>
</html>
```

网页效果（图 12-5）

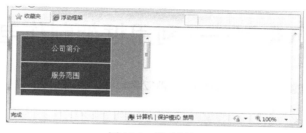

图 12-5　浮动框架

12.6.2　浮动框架属性——width 和 height

在浮动框架中，默认的浮动框架的宽度和高度不一定满足要求，可以利用浮动框架<iframe>标签中的 width 属性设置浮动框架宽度；height 属性设置浮动框架高度。

基本语法

```
<body>
<iframe src=" " width="" height=""></iframe>
</body>
```

语法说明

在 HTML 文件中，<iframe>标签中的属性设置如下。

● width 属性可以设置浮动框架宽度。

● height 属性可以设置浮动框架高度。

实例代码（代码位置：源代码\example\12\12-6-1.html）

```
<!--实例12-6-1.html 代码-->
<html>
<head>
<meta http-equiv="Content-Type" content="text/html; charset=utf-8" />
<title>浮动框架宽度与高度设置</title>
</head>
<body>
<iframe src="left.html" width="300" height="500" ></iframe>
```

```
</body>
</html>
```

网页效果（图 12-6）

图 12-6　浮动框架宽度与高度设置

12.7　小实例——利用框架制作电子简历

实例代码（代码位置：源代码\example\12\12-7.html）

```
<!--实例 12-7.html 代码-->
<html>
<head>
<meta http-equiv="Content-Type" content="text/html; charset=utf-8" />
<title>电子简历</title>
</head>
<frameset rows="100,*">
<frame src="12-7-top.html" frameborder="0"/>
<frameset cols="150,*">
<frame src="12-7-left.html"/>
<frame src="12-7-about.html" name="main" id="main"/>
</frameset>
</frameset><noframes></noframes>
</html>
```

网页效果（图 12-7）

图 12-7　电子简历

12.8 知识点提炼

本章主要介绍了框架技术，学习了框架集<frameset></frameset>和框架<frame/>，框架集<frameset>常见属性 rows、cols，框架<frame/>属性 src、name、frameborder、scrolling、noresize，浮动框架<iframe></iframe>及其属性 width、height。

12.9 思考与练习

1．选择题

（1）一个框架最外层的标签也就是框架集标签是（　　　）。

    A．<frameset></frameset>　　　　　　B．<frame></frame>

    C．<frameset/>　　　　　　　　　　　D．<frame/>

（2）标签<frameset>中设置水平框架和垂直框架属性分别是（　　　）。

    A．rows、cols　　　　　　　　　　　B．cols、rows

    C．rowspan、colspan　　　　　　　　D．colspan、rowspan

（3）在标签<body></body>内可以创建浮动框架，浮动框架标签为（　　　）。

    A．<iframe/>　　　　　　　　　　　B．<iframe></iframe>

    C．<frame/>　　　　　　　　　　　D．<frame></frame>

（4）下面哪些是浮动框架常见属性？（　　　）

    A．src　　　　　B．name　　　　　C．width　　　　　D．height

2．简答题

（1）请简要说明什么是框架技术、框架集、框架。

（2）请列举浮动框架有哪些常见属性。

12.10 上机实例练习——利用框架制作电子相册

第13章
表单的设计

表单在网页中主要负责数据采集功能。一个表单有三个基本组成部分：表单标签<form></form>；表单域：包含了文本框、密码框、隐藏域、多行文本框、复选框、单选框、下拉选择框和文件上传框等；表单按钮：包括提交按钮、复位按钮和一般按钮。

学习目标

● 表单<form></form>基本语法
● 常见表单域的使用
● 表单按钮的使用

13.1　表单标签

13.2　表单标签<form>

在 HTML 文件中，只要插入成对的表单标签<form></form>，就可以完成表单的插入。

基本语法

```
<form name="" method="" action="" enctype="" target="">
</form>
```

语法说明

表单标签的部分属性及说明如下表所示。

表单标签的属性

属性	说明
name	设置表单名称
method	设置表单数据发送方式，可以是"post"或者"get"
action	设置表单处理程序
enctype	设置表单的编码方式
target	设置表单显示目标

实例代码(代码位置：源代码\example\13\13-2.html)

```
<!--实例 13-2.html 代码-->
<html>
<head>
<title>表单标签</title>
</head>
<body>
<form name="form1" mehod="post"
    action="/register.php" enctype="text/plain">
</form>
</body>
</html>
```

13.3　表单域<input/>

表单是人机交互的一种方式。用户只要在表单项中输入并提交信息，就可以将信息发送到服务器请求响应，然后服务器将结果返回给用户，这样就完成了交互。其中<input/>是表单中常用的标签。

基本语法

```
<form><input name=""  type=""/></form>
```

语法说明

在表单项<input/>标签中，name 属性值是表单项名称，type 属性值是表单项类型，例如：text（文本框）、radio（单选按钮）、checkbox（复选框）等。

13.3.1　文本框——text

<input/>标签中 type 属性值为 text 用来插入表单中的单行文本域。在此文本域可以输入任何数据类型的数据，但是输入的数据都将是单行的显示，不会换行。

基本语法

```
<form>
<input name="" type="text" maxlength=""  size="" value=""/>
</form>
```

语法说明

在表单<form></form>标签中插入文本框，只要将<input/>标签中 type 属性值设为 text 即可插入单行的文本框。

- maxlength，表示表单项最大允许输入的字符数。
- size，表示表单项字符宽度。
- value，表单项的初始值。

实例代码（代码位置：源代码\example\13\13-3-1.html）

```
<!--实例 13-3-1.html 代码-->
<html>
<head>
<title>插入文本框</title>
</head>
<body>
    <form>
    <input name="username" type="text" maxlength="10" size="10" value="请输入用户名" />
    </form>
```

```
</body>
</html>
```

网页效果（图 13-1）

图 13-1　插入文本框

13.3.2　密码框——password

表单项标签<input/>中 type 属性值为 password 用来插入密码框。在密码框中可以输入任何类型的字符，这些字符都将会以小圆点的形式显示，提高密码的安全性。

基本语法

```
<form>
    <input name="" type="password" maxlength="" size=""/>
</form>
```

语法说明

在表单中插入密码框，只要将<input/>标签中 type 属性值设为 password 即可。

实例代码（代码位置源代码\example\13\13-3-2.html）

```
<!--实例 13-3-2.html 代码-->
<html>
<head>
<title>插入密码框</title>
</head>
<body>
<form>
    <input name="userpsd" type="password" maxlength="10" size="10"/>
</form>
</body>
</html>
```

网页效果（图 13-2）

图 13-2　插入密码框

13.3.3　文件域——file

<input/>标签中 type 属性值为 file 用来插入表单中的文本域。在文件域可以添加整个文件，例如：发送邮件时，添加附件都需要使用文件域来实现。

基本语法

```
<form><input name=""  type="file"/></form>
```

语法说明

在表单文件域，只要将<input/>标签中 type 属性值设为 file 就可以插入文件域。

实例代码（代码位置：源代码\example\13\13-3-3.html）

```
<!--实例13-3-3.html 代码-->
<html>
<head>
<title>插入文件域</title>
</head>
<body>
<form>
  <input name="file" type="file"/>
</form>
</body>
</html>
```

网页效果（图 13-3）

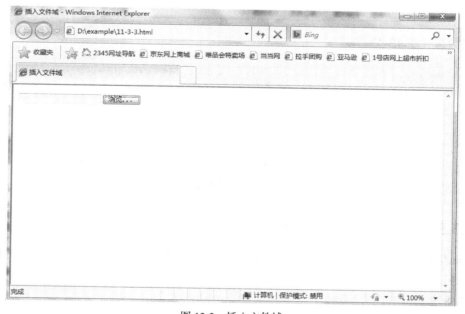

图 13-3　插入文件域

13.3.4　复选框——checkbox

<input/>标签中 type 属性值为 checkbox 用来插入表单中的复选框，可以利用网页中复选框进行多项的选择。

基本语法

```
<form>
<input name="" type="checkbox" value="" id=""/>
</form>
```

语法说明

在表单中插入复选框，只要将<input/>标签中 type 属性值设为 checkbox 就可以插入复选框。其中的 id 为可选项。

实例代码（代码位置：源代码\example\13\13-3-4.html）

```
<!--实例 13-3-4.html 代码-->
<html>
<head>
<title>插入复选框</title>
</head>
<body>
<form>
  <input name="love" type="checkbox" value="bb" />篮球
  <input name="love" type="checkbox" value="fb" />足球
</form>
</body>
</html>
```

上面两个 name 值要一样。

网页效果（图 13-4）

图 13-4　插入复选框

13.3.5　单选按钮——radio

<input/>标签中 type 属性值为 radio 用来插入表单中的单选按钮，也是一种选择性的按钮。单选按钮顾名思义只能选其中一项。

基本语法

```
<form>
<input name="" type="radio" value="" id="" />
</form>
```

语法说明

在表单中插入单选按钮，只要将<input/>标签中 type 属性值设为 radio 就可以插入单选按钮，其中的 id 为可选项。

实例代码（代码位置：源代码\example\13\13-3-5.html）

```
<!--实例13-3-5.html 代码-->
<html>
<head>
<title>插入单选按钮</title>
</head>
<body>
<form>
  <input name="sex" type="radio" value="男" />男
  <input name="sex" type="radio" value="女" />女
</form>
</body>
</html>
```

上面两个 name 值要一样。

网页效果（图 13-5）

图 13-5　插入单选按钮

13.3.6　标准按钮——button

<input/>标签中 type 属性值为 button 用来插入表单中的标准按钮，其中标准按钮的 value 属性值，可以任意设置。

基本语法

```
<form>
<input name="" type="button" id="" value="标准按钮"/>
</form>
```

语法说明

在表单中插入标准按钮，只要将<input/>标签中 type 属性值设为 button 即可。其中的 id 为可选项。

实例代码（代码位置：源代码\example\13\13-3-6.html）

```
<!--实例13-3-6.html 代码-->
<html>
<head>
<title>插入标准按钮</title>
</head>
<body>
<form>
  <input name="b1" type="button" id="b1"value="标准按钮" />
```

```
</form>
</body>
</html>
```

网页效果（图 13-6）

图 13-6　插入标准按钮

13.3.7　提交按钮——submit

表单项填写完后，最后需要一个提交信息的动作，需要使用表单中的提交按钮，<input/>标签中 type 属性值 submit 用来插入表单中的提交按钮。

基本语法

```
<form>
<input name="" type="submit" id="" value="提交按钮"/>
</form>
```

语法说明

在表单中插入提交按钮，只要将<input/>标签中 type 属性值设为 submit 就可以插入提交按钮。

实例代码（代码位置：源代码\example\13\13-3-7.html）

```
<!--实例 13-3-7.html 代码-->
<html>
<head>
<title>插入提交按钮</title>
</head>
<body>
<form>
  <input name="submit" type="submit" value="提交" />
</form>
```

```
</body>
</html>
```

网页效果（图 13-7）

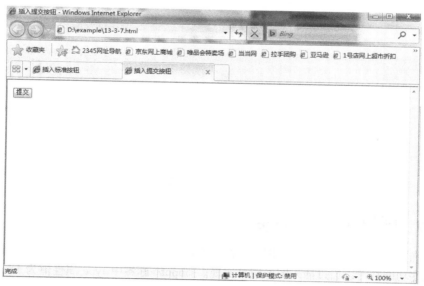

图 13-7　插入提交按钮

13.3.8　重置按钮——reset

当用户输入完表单项信息后，对自己填过的信息不满意时，可以使用重置按钮，清空已输入信息，然后再重新输入。<input/>标签中 type 属性值为 reset 用来插入表单中的重置按钮。

基本语法

```
<form>
<input name="" type="reset" value=""/>
</form>
```

语法说明

在表单中插入重置按钮，只要将<input/>标签中 type 属性值设为 reset 即可。

实例代码（代码位置：源代码\example\13\13-3-8.html）

```
<!--实例 13-3-8.html 代码-->
<html>
<head>
<title>插入重置按钮</title>
</head>
<body>
<form>
  <input name="reset" type="reset" value="重置" />
</form>
</body>
</html>
```

网页效果（图 13-8）

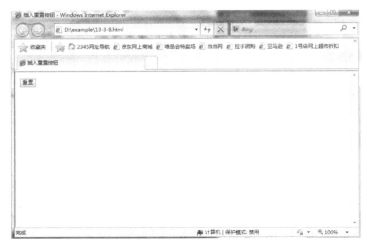

图 13-8　插入重置按钮

13.3.9　图像域——image

在浏览网页时，有时会遇到某些网站的按钮不是普通按钮，而是用一张类似按钮的图像，效果美观，这些功能都可以通过插入图像域来实现。\<input/\>标签中 type 属性值为 image 用来插入表单中的图像域。

基本语法

```
<form>
<input name="" type="image" src="url" width="" height=""  border=""/>
</form>
```

语法说明

在表单中插入图像域，只要将\<input/\>标签中 type 属性值设为 image 就可以插入图像域。

实例代码（代码位置：源代码\example\13\13-3-9.html）

```
<!--实例 13-3-9.html 代码-->
<html>
<head>
<title>插入图像</title>
</head>
<body>
<form>
  <input name="image" type="image" src="images/denglu.png"  border="0" />
</form>
</body>
</html>
```

网页效果（图 13-9）

图 13-9　插入图像域

13.3.10　隐藏域——**hidden**

隐藏域对于网页的访问者来说是看不见的。用户单击提交按钮提交表单时，隐藏域的信息也被一起发送到服务器。<input/>标签中 type 属性值为 hidden 用来插入表单中的隐藏域。

基本语法

```
<form>
<input name="h1" type="hidden" value="">
</form>
```

语法说明

在表单中插入隐藏域，只要将<input/>标签中 type 属性值设为 hidden 就可以插入隐藏域。在提交表单时，隐藏域中 value 的值会送到服务器。

实例代码（代码位置：源代码\example\13\13-3-10.html）

```
<!--实例13-3-10.html 代码-->
<html>
<head>
<title>插入隐藏域</title>
</head>
<body>
<form>
  <input name="h1" type="hidden" value="1" />
</form>
</body>
</html>
```

网页效果（图 13-10）

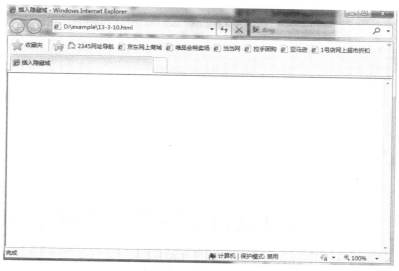

图 13-10　插入隐藏域

13.4　文本区域<textarea>

如果在表单项中需要输入多行文本内容，这时候一般我们会用到文本区域<textarea>。

基本语法

```
<form>
  <textarea name="" id=" " cols="" rows=""></textarea>
</form>
```

语法说明

在表单中插入文字域,只要插入成对的文字域标签<textarea></textarea>就可以插入文字域。

实例代码(代码位置:源代码\example\13\13-4.html)

```
<!--实例 13-4.html 代码-->
<html>
<head>
<title>插入文字域</title>
</head>
<body>
<form>
  <textarea name="text" rows="5" cols="40"></textarea>
</form>
</body>
</html>
```

网页效果(图 13-11)

图 13-11　插入文字域

13.5　下拉菜单<select>和列表项<option>

在 HTML 文件中,可以使用<select>和<option>实现下拉菜单和列表项。

基本语法

```
<form>
<select name="" size="">
<option value=""></option>
<option value=""></option>
...
</select>
</form>
```

语法说明

在表单中插入下拉菜单和列表项，只要插入成对的<select></select>标签，其中嵌套
<option></option>标签，就可以插入下拉菜单和列表。

实例代码（代码位置：源代码\example\13\13-5.html）

```html
<!--实例 13-5.html 代码-->
<html >
<head>
<title>插入下拉菜单和列表项</title>
</head>
<body>
<form>
省份
  <select name="shengfen">
   <option value="1">江西省</option>
   <option value="2">湖南省</option>
    <option value="3">江苏省</option>
    <option value="4">四川省</option>
  </select>
</form>
</body>
</html>
```

网页效果（图 13-12）

图 13-12　插入下拉菜单和列表项

13.6　小实例——在线报名表单设计

实例代码（代码位置: 源代码\example\13\13-6.html）

```html
<!--实例 13-6.html 代码-->
<html >
<head>

<meta http-equiv="Content-Type" content="text/html;charset=gb2312" />
<title>在线报名</title>
</head>
<body bgcolor="#99FFCC">
<p align="center"><font size="6">在线报名</font></p>
<form name="form1" method="post" action="">
  <table width="700" border="1" align="center">
    <tr>
      <td bgcolor="#00CCCC">姓名</td>
      <td><input type="text" name="username"/>
      </td>
      <td bgcolor="#00CCCC">性别</td>
      <td>
        <label>男
        <input type="radio" name="sex" value="男"/>
```

```
                    </label>

                    <label>女
                    <input type="radio" name="sex" value="女"/>
                    </label>
                </td>
                <td bgcolor="#00CCCC">民族</td>
                <td><label>
                    <select name="nation">
                        <option value="1">汉族</option>
                        <option value="2">回族</option>
                        <option value="3">藏族</option>
                    </select>
                    </label>
                </td>
            </tr>
            <tr>
                <td bgcolor="#00CCCC">出生日期</td>
                <td><select name="year">
                        <option value="1">1994</option>
                        <option value="2">1995</option>
                        <option value="3">1996</option>
                    </select>
                    年
                    <select name="month">
                        <option value="1">1</option>
                        <option value="2">2</option>
                        <option value="3">3</option>
                    </select>
                    月
                    <select name="date">
                        <option value="1">1</option>
                        <option value="2">2</option>
                        <option value="3">3</option>
                    </select>
                    日 </td>
                <td bgcolor="#00CCCC">政治面貌</td>
                <td>
                    <label>团员
                    <input type="radio" name="face" value="团员">
                    </label>
                    <label>党员
                    <input type="radio" name="face" value="党员">
                    </label>
                </td>
                <td bgcolor="#00CCCC">省份</td>
                <td><label>
                    <select name="city">
                        <option value="1">江西</option>
                        <option value="2">北京</option>
                        <option value="3">上海</option>
                    </select>
                    </label>
                </td>
            </tr>
            <tr>
<td bgcolor="#00CCCC">毕业院校</td>
                <td ><label>
                    <select name="school">
                        <option value="1">华东交通大学</option>
                        <option value="2">北京大学</option>
                        <option value="3">清华大学</option>
```

```
          </select>
          </label>
      </td>
      <td bgcolor="#00CCCC">专业</td>
      <td ><label>
        <select name="specialty">
          <option value="1">软件工程</option>
          <option value="2">国际会计</option>
          <option value="3">电气及其自动化</option>
        </select>
        </label>
      </td>
      <td bgcolor="#00CCCC">学历</td>
      <td ><label>
        <select name="edu">
          <option value="1">专科</option>
          <option value="2">本科</option>
          <option value="3">研究生</option>
        </select>
        </label>
      </td>
    </tr>
  </table>
  <table width="700"  border="1" align="center">
    <tr>
      <td bgcolor="#00CCCC">自我简介</td>
      <td><label>
        <textarea name="text" rows="10" cols="60">
</textarea>
        </label>
      </td>
    </tr>
  </table>
  <table width="700" border="1" align="center">
    <tr>
      <td align="center">
        <input  type="submit" name="reset"value="提交报名"/>
        <input  type="reset"name="submit"value="清空重填"/>
      </td>
    </tr>
  </table>
</form>
</body>
</html>
```

网页效果（图 13-13）

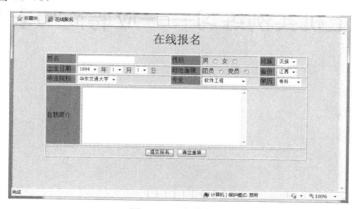

图 13-13　在线报名

13.7　知识点提炼

本章主要介绍了表单<form></form>标签的基本用法；常见表单域<input/>主要类型：text 文本框、password 密码框、radio 单选按钮、checkbox 复选框、file 文件域、image 图像域、hidden 隐藏域等。文本区域<textarea></textarea>标签多行文本。菜单列表<select>、<option>等。表单按钮 submit、reset、button。

13.8　思考与练习

1. 选择题

（1）表单标签<form>中的属性有（　　　）。

    A. name　　　　　B. method　　　　　C. src　　　　　D. action

（2）表单域<input/>中的属性有（　　　）。

    A. name　　　　　B. type　　　　　C. value　　　　　D. id

（3）表单域<input/>中 type 属性值为（　　　）表示文本框。

    A. text　　　　　B. password　　　　　C. radio　　　　　D. file

（4）表单域<input/>中 type 属性值为（　　　）表示文件域。

    A. text　　　　　B. image　　　　　C. radio　　　　　D. file

（5）表单域<input/>中 type 属性值为（　　　）表示单选按钮。

    A. text　　　　　B. password　　　　　C. radio　　　　　D. checkbox

（6）表单域<input/>中 type 属性值为（　　　）表示提交按钮。

    A. submit　　　　　B. reset　　　　　C. button　　　　　D. select

2. 简答题

（1）请简要说明什么是表单？有哪些常见的表单域？

（2）请问一个完整的表单应该包括哪几个部分？

13.9　上机实例练习——应聘简历表单设计

进阶篇

第14章
CSS 样式表基础

HTML 控制网页显示效果是有限的，使用 CSS 样式表来控制网页元素显示效果更佳。HTML 重在内容组织上，CSS 重在内容显示上。CSS 是布局一个外观漂亮的网页核心技术。

学习目标

- 理解 CSS 主要作用
- 熟悉 CSS 基本语法
- 熟悉 CSS 使用方法
- 了解 CSS 优先级问题

14.1　CSS 概述

CSS（Cascading Style Sheets）中文翻译为"层叠样式表"，简称样式表，它是一种制作网页的技术。可以用 CSS 精确地控制页面里每一个元素的字体样式、背景、排列方式、区域尺寸、四周加入边框等。使用 CSS 能够简化网页的格式代码，加快下载显示的速度。外部链接样式可以同时定义多个页面，大大减少了重复劳动的工作量。CSS 标准中重新定义了 HTML 中原来的文字显示样式，并增加了一些新概念，如：类、层等，可以对文字重叠、定位等，提供了更为丰富多彩的样式；同时 CSS 可进行集中样式管理。CSS 还允许将样式定义单独存储于样式文件中，这样可以把显示的内容和显示样式定义分离，便于多个 HTML 文件共享样式定义。另外，一个 HTML 文件也可以引用多个 CSS 样式文件中的样式定义。

概括 CSS 的作用

- 做到内容和样式的分离，使得网页代码简洁，便于维护。
- 弥补 HTML 对标签属性控制的不足。
- 精确控制网页布局，如：行间距、边距和图片定位等属性。
- 提高代码重用率。因为多个网页同时应用一个 CSS 样式，即减少了代码的下载，提高了浏览器的浏览速度和网页的更新速度。
- CSS 还有好多特殊功能，如：鼠标指针属性控制，鼠标的形状和滤镜属性控制，图片的特效等。

14.2　CSS 语法

CSS 语法非常简单，其中只包括选择符、样式属性和属性值三部分。

换句话说，CSS 语法由两个主要的部分构成：选择器和一条或多条声明。

基本语法

```
selector{property:value;property:value;...property:value}
```

语法说明

- 语法中 selector 代表选择符。
- property 代表属性。
- value 代表属性值。
- 选择符包括多种形式，有标签选择符、类选择符、id 选择符、伪类选择符等。

例如

```
标签选择符 body{color:blue}
类选择符    .cl{ color:blue}
Id 选择符   #cl{ color:blue}
伪类选择符 a:hover{ color:blue }
```

- 属性的值可以由多个单词组成，而且单词间要有空格，所以必须给值加上引号，如字体的名称经常是几个单词的组合。

例如：`p{font-family: "Courier New " }`

- 如果要对选择符指定多个属性时，我们用分号将属性分隔开。

例如：`p{text-align:right;color:green;font-family:calibri;}`

- 为了提高代码的可读性，也可以这样分行写。

```
p{
  text-align:right;
  color:green;
  font-family:calibri;
}
```

- 相同属性和值的选择符组合起来称为选择符组。如果需要给选择符组定义属性和值，只要用逗号将选择符分开即可，这样可以减少重复定义样式。

例如

```
p, table{font-size: 20px}
其效果完全等效于
p{font-size: 20px}
table{font-size: 20px}
```

14.3　CSS 常用选择器

14.3.1　类选择符

类选择器允许以一种独立于文档元素的方式来指定样式。该选择器可以单独使用，也可以与其他元素结合使用。

类选择符语法：标签名.类名｛样式属性:取值;样式属性:取值;...｝

例如，要设置两个不同文字颜色的段落，一个为绿色，一个为黄色，可以利用如下代码定义两个类。

```
p.green{color:green;}
p.yellow{color:yellow;}
```

上面这种定义方法，表示在<p>标签中可以引用 green 和 yellow 两个类样式；green 和 yellow 两个类样式使用范围是有限制的，只能在<p>标签中使用，样式控制范围也只是在<p>元素内。其实还可以用如下定义方法，没有使用范围限制，更灵活，也是比较常见的定义方法。

```
.green{color:green;}
.yellow{color:yellow;}
```

如果要引用上面两个定义的样式，我们只要在对应的标签内增加一个 class 属性等于类选择符即可，如下所示。

```
<p class= "green">或者是<p class="yellow">
```

14.3.2 id 选择符

ID 选择器类似于类选择器，不过也有一些重要差别：首先，在定义时 ID 选择器前面有一个#号（也称为棋盘号或井号）；其次在引用时用 id 属性值等于 id 选择符。

id 选择符语法：标签名#标识名{样式属性:取值;样式属性:取值;...}

例如，如果在一个页面中定义一个 id 为 play 的元素，并要设置这个元素为蓝色。样式定义和引用方法代码如下。

定义方法

```
#play{color:blue;}
```

引用方法

```
<p id= "play " >
```

id 选择符局限性很大，只能单独定义某个元素的样式，一般只在特殊情况下使用。

14.3.3 包含选择符

包含选择符是对某种元素包含关系定义的样式表。这种方式只对元素 1 里的元素 2 定义，单独的元素 1 或者元素 2 无定义。例如

```
table p{font-size:20px;}
```

14.3.4 伪类

伪类对象在文档中并不存在，它们指定的是元素的某种状态。应用最为广泛的伪类是超链接的 4 个状态——未链接状态（a：link）、已访问链接状态（a：visited）、鼠标指针悬停在链接上的状态（a：hover）、已激活（在鼠标单击与释放之间的事件）的链接状态（a：active）。

14.4 CSS 使用方法

CSS 样式表按位置来分可以分为内部样式表和外部样式表；按引用方法来分包括有 4 种方法，分别是：链入外部样式表、内部样式表、嵌入样式表和导入外部样式表。其中内部样式表和嵌入样式表属于内部样式表，链入外部样式表和导入外部样式表属于外部样式表。

这 4 种方法在使用中各有各的特殊之处，其中，4 种方法中优先级最高的是嵌入样式表的方法。其余三种方法顺序相同，若同时出现，浏览器依然会遵守"最近优先的原则"，即与内容最靠近的那个样式表插入方法。

14.4.1　链入外部样式表

链入外部样式表要把样式表保存为一个单独的样式文件，然后在 HTML 文件中使用<link>标签链接，同时这个<link>标签必须放在 HTML 代码的<head></head>标内。

基本语法

```
<head>
...
<link rel="stylesheet" type="text/css" href="样式表地址" />
</head>
...
```

语法说明

- rel="stylesheet"是指在 HTML 文件中使用的是外部样式表。
- type="text/css"指明该文件的类型是样式表文件。
- href 中的样式表文件地址，可以为绝对地址或相对地址。
- CSS 文件要和 HTML 文件一起发布到服务器上，这样在用浏览器打开网页时，浏览器会按照该 HTML 网页所链接的外部样式表来显示其风格。

外部样式表优点

- 提高代码重用率，便于维护。一个外部样式表文件可以应用于多个 HTML 文件。当改变这个样式表文件时，所有网页的样式都随之改变。
- 提高页面访问速度。同时在浏览网页时一次性将样式表文件下载，减少了文件的重复下载。

实例代码（源代码位置：源代码\example\14\14-4-1.html）

```
<!--实例 14-4-1.html 代码-->
<html>
<head>
<meta http-equiv="Content-Type" content="text/html; charset=utf-8" />
<title>编写 CSS 外部样式表</title>
<link rel="stylesheet" type="text/css" href="css/14-4-1.css">
</head>
<body>
<h3 align="center">CSS 外部样式表</h3>
<hr/>
<p> 在 HTML 文件中应用链入外部样式表方法调用外部 CSS</p>
</body>
</html>
```

链入的 CSS 外部样式表 14-4-1.css 代码如下。

```
<!--
h3 {
color:red;
font-size:35px;
font-family:黑体;
}
p {
    background:orange;
    color:blue;
```

```
    font-size:25px;
    font-family:楷体;
}
-->
```

网页效果（图 14-1）

图 14-1　编写 CSS 外部样式表

14.4.2　内部样式表

内部样式表是通过<style>标签把样式表的内容直接定义在 HTML 文件的<head></head>标签内。

基本语法

```
<head>
<style type="text/css">
<!--
选择符{样式属性:取值;样式属性:取值;...}
选择符{样式属性:取值;样式属性:取值;...}
-->
</style>
</head>
```

语法说明

● 　<style>标签用来说明所要定义的样式。

● 　type="text/css"说明这是 CSS 样式表代码。

● 　<!-- -->注释标签当 CSS 代码有误或者浏览器不支持时就会被注释了，增加显示的安全性。

内部样式的特点

● 　内部样式表只能供本 HTML 文件使用。内部样式表方法就是将所有的样式表信息都列于
HTML 文件的头部，因此这些样式可以在整个 HTML 文件中调用。

● 　样式表和 HTML 是一个文件。如果只是做一个简单页面的网页，或者说本样式只在本
HTML 文件中使用，可以使用此方法。

实例代码（源代码位置：源代码\example\14\14-4-2.html）

```
<!--实例 14-4-2.html 代码-->
<html>
<head>
<meta http-equiv="Content-Type" content="text/html; charset=utf-8" />
<title>编写 CSS 内部样式表</title>
<style type="text/css">
<!--
h3 {
```

```
    color:black;
    font-size:35px;
    font-family:黑体;
}
p {
    background:blue;
    color:red;
    font-size:25px;
    font-family:宋体;
}
-->
</style>
</head>
<body>
<h3 align="center">CSS 内部样式表</h3>
<hr/>
<p>在 HTML 文件头部应用内部样式表方法调用外部 CSS。</p>
</body>
</html>
```

网页效果（图 14-2）

图 14-2　编写 CSS 内部样式表

14.4.3　嵌入样式表

嵌入样式表是在 HTML 标签中直接嵌入样式表，所以用这种方法可以很直观地对某个元素定义样式。

基本语法

<HTML 标签 style="样式属性:取值;样式属性:取值;... ">

语法说明

● HTML 标签就是 HTML 元素的标签，例如：body，p 等。
● style 参数后面引号中的内容就相当于样式表中大括号里的内容。

嵌入样式的特点

利用这种方法定义的样式，其效果只能控制某个标签，所以比较适用于指定网页中某个元素的样式，或某局部的样式。

实例代码（源代码位置：源代码\example\14\14-4-3.html）

```
<!--实例 14-4-3.html 代码-->
<html>
```

```
<head>
<meta http-equiv="Content-Type" content="text/html; charset=utf-8" />
<title>编写 CSS 嵌入样式表</title>
</head>
<body>
<center>
<h1 style="font-size:36px; font-family:黑体;">CSS 嵌入样式表</h1>
</center>
<hr/>
<p style="background:#00F; color:ffffff; font-size:24px;
font-family:宋体;">在 HTML 文件的标签中应用嵌入样式表方法使用 CSS 样式。</p>
</body>
</html>
```

网页效果（图 14-3）

图 14-3 编写 CSS 嵌入样式表

14.4.4 导入外部样式表

导入外部样式表是指在样式表的<style>区域内引用一个外部的样式表文件，需要使用
@import 做声明。@import 声明可以放到 head 外，也可以放到 head 内，但根据语法规则，一般都
放到 head 内来使用。

基本语法

```
<head>
<style type="text/css">
@import url(外部样式表文件地址);
...
</style>
</head>
```

语法说明

- import 语句后面的 ";" 是不可以省略的。
- 外部样式表文件的文件扩展名必须为.css。
- 样式表地址可以是绝对地址，也可以是相对地址。

导入外部样式表的特点

在使用中，有些浏览器可能会不支持导入外部样式表的@import 声明，所以此方法不经常使用。

实例代码（源代码位置：源代码\example\14\14-4-4.html）

```
<!--实例 14-4-4.html 代码-->
<html>
<head>
```

```
<meta http-equiv="Content-Type" content="text/html; charset=utf-8" />
<title>编写 CSS 导入样式表</title>
<style type="text/css">
@import url(css/14-4-4.css);
</style>
</head>
<body>
<h1 align="center">CSS 导入样式表</h1>
<hr/>
<p>在 HTML 文件中应用导入样式表方法调用外部 CSS 样式。</p>
</body>
</html>
```

导入的 CSS 样式表 14-4-4.css 代码如下

```
h1 {
    color:#600;
    font-size:35px;
    font-family:黑体;
}
p {
    background:blue;
    color:#FFF;
    font-size:25px;
    font-family:宋体;
}
```

网页效果（图 14-4）

图 14-4　编写 CSS 导入样式表

14.5　CSS 特性和优先级问题

在使用 CSS 样式过程中，经常会遇到同一个元素由不同选择符定义的情况，这时候就要考虑到选择符的优先级。通常我们使用的选择符包括：id 选择符、类选择符、包含选择符和 HTML 标签选择符等。因为 id 选择符是最后被加到元素上的，所以优先级最高，其次是类选择符。!important 语法主要用来提升样式规则的应用优先级。只要使用了 !important 语法声明，浏览器就会优先选择它声明的样式表来显示。所以若想打破一个定义的优先级顺序，可以使用 !important 声明。例如：

```
p{ color:red !important }
.blue{ color:red;}
#id{ color:green;}
```

上例中同时对页面的一个段落加上这三个样式，最后段落依然被!important 声明的 HTML 标签选择符样式为红色字体显示。如果去掉!important，则会依照优先级最高的 id 选择符为绿色字体显示。

14.6　小实例——CSS 样式的应用

实例代码（源代码位置：源代码\example\14\14-6.html）

```
<!--实例 14-6.html 代码-->
<html>
<head>
<meta http-equiv="Content-Type" content="text/html; charset=utf-8" />
<title>唐诗宋词</title>
<link rel="stylesheet" type="text/css" href="css/14-6.css" />
</head>
<body>
<h3 align="center">唐诗宋词</h3>
<center>
<p class="fs">
杜甫<br/>
好雨知时节，当春乃发生。<br/>
随风潜入夜，润物细无声。<br/>
野径云俱黑，江船火独明。<br/>
晓看红湿处，花重锦官城。
</p>
</center>
</body>
</html>
```

导入的 CSS 样式表 14-6.css 代码如下

```
@charset "utf-8";
/* CSS Document */
h3{ font-family:黑体; font-size:28px}
.fs{ font-size:18px; line-height:1.5}
```

网页效果（图 14-5）

图 14-5　唐诗宋词

14.7　知识点提炼

本章介绍 CSS 的基本语法，包括 CSS 选择器、属性和属性值。常用选择器包括：类选择符、

id 选择符、标签选择符和伪类。

　　样式的引用方法有：链入外部样式表、内部样式表、嵌入样式表和导入外部样式表。

14.8　思考与练习

1. 选择题

（1）CSS 语法基础包括三个部分是（　　　　）。

　　　A. 选择符　　　　　　B. 属性名　　　　　C. 属性值　　　　　　D. 元素名

（2）CSS 样式表的使用方法主要有（　　　　）。

　　　A. 连接外部样式表　　　　　　　　　　B. 导入外部样式表

　　　C. 内部样式表　　　　　　　　　　　　D. 嵌入样式表

（3）CSS 样式定义中要用到选择符，常见的选择符有（　　　　）。

　　　A. 标签选择符　　　　B. 类选择符　　　　C. id 选择符　　　　D. 伪类选择符

（4）链入外部样式表<link/>标签中的主要属性有（　　　　）。

　　　A. rel　　　　　　　B. src　　　　　　　C. type　　　　　　D. href

（5）内部样式表定义在<head></head>中，定义标签为（　　　　）。

　　　A. <style></style>　　　　　　　　　　B. <!-- -->

　　　C. <type></type>　　　　　　　　　　　D.

（6）嵌入样式表，即在 HTML 标签内定义样式，采用的属性为（　　　　）。

　　　A. style　　　　　　B. href　　　　　　C. src　　　　　　D. type

2. 简答题

（1）CSS 基本语法中选择符有哪些？

（2）CSS 样式表有哪些使用方法？说明每种方法的特点。

14.9　上机实例练习——利用外部样式
设计一个网页

第15章
字体样式表

    CSS 是网页的化妆师，它能精确地控制网页中的元素显示效果，包括：大小、颜色、位置、边距、边框、背景等；主要的元素有 HTML 标签、DIV、文本、图片、视频动画等。CSS 样式表现的核心内容就是属性，浏览器中最后呈现的所有网页效果，实质都是对各个元素属性值的解释。

学习目标

- 了解 CSS 的属性在网页的角色
- 了解 CSS 的属性代码特点
- 了解 CSS 的属性代码结构

15.1　字体颜色——color

    在 HTML 中设置字体颜色使用的是 < font > 标签的 color 属性，而在 CSS 中仅使用 color 属性设置字体的颜色。但在 CSS 中 color 属性不是只用来设置字体的颜色，每个元素的颜色都可以用 color 属性来设置。color 属性设置的颜色一般都为标签内容的前景色。

基本语法

color：关键字 | RGB 值

语法说明

    关键字：颜色关键字就是用颜色的英文名称来设置颜色。例如："red" 代表红色，"blue" 代表蓝色等。

    RGB 值：在 CSS 中，RGB 值有多种表示方式，如：十六进制的 RGB 值和 RGB 函数值都行。下面以绿色为例来说明具体的颜色表示。

    ① #00FF00 是十六进制的 RGB 值，表示绿色。这是最常用的一种 RGB 值表示方式。

    ② #0F0 是十六进制 RGB 值的缩写，表示绿色。在十六进制的 RGB 值中，只要有同样的数字重复出现，就可以省略其中一个不写。

    ③ RGB (255，0，0)是 RGB 函数值，表示绿色。常用在一些动态颜色效果的网页中，这里的 RGB 函数取值范围为 0～255。

    ④ RGB (0%，100%，0%)也是 RGB 函数值，表示绿色。但这里的 RGB 函数取值范围为 0%～100%。

    ⑤ RGB 函数取值如果超出了指定的范围，浏览器就会自动读取最接近的数据来使用。例如：如果设置了 "101%"，则浏览器会自动读取 "100%"。如果设置了 "-2"，则浏览器会自动读取 "0"。

实例代码（源代码位置：源代码\example\15\15-1.html）

```
<!--实例 15-1.html 代码-->
<html>
  <head>
  <title>应用颜色 color 属性</title>
  <style type="text/css">
<!--
.h {
    font-family:黑体;
    font-size:20pt;
    color:#FF0000;
}
.p1 {
    font-family:宋体;
    font-size:16px;
    color:blue;
}
-->
</style>
  </head>
  <body>
  <center>
    <h2 class="h">设置颜色属性</h2>
  </center>
  <hr/>
  <p class="p1">这段文字的颜色为蓝色</p>
  <p class="p1">这段文字的颜色为蓝色</p>
</body>
</html>
```

网页效果（图 15-1）

图 15-1　设置颜色

15.2　字体设置——font-family

设置字体，在 HTML 中是使用<font>标签的 face 属性，而在 CSS 中可以使用 font-family 属性。

基本语法

```
font-family:字体 1, 字体 2, 字体 3, ...;
```

语法说明

● font-family 属性值是字体列表，是一个或多个字体的组合。

● 而在浏览器读取字体时，会按照字体定义的先后顺序来决定选用。若浏览器在计算机上找不到第一种字体，则自动读取第二种字体；若第二种字体也找不到，则自动读取第三种字体，依次类推。如果列表中的所有字体都找不到，则选用计算机系统的默认字体。

● 在定义英文字体时，若字体由多个单词组成，单词中有空格，这时要将字体名用引号（单引号或双引号）引起来。如：font-family："Courier New"。

实例代码（源代码位置：源代码\example\15\15-2.html）

```html
<!--实例15-2.html 代码-->
<html>
    <head>
    <title>在CSS中设置字体</title>
    <style type="text/css">
<!--
h2 {
    font-family:黑体;
}
p {
    font-family:隶书, 楷体, 宋体;
}
-->
</style>
    </head>
    <body>
<center>
    <h2>用font-family属性设置字体</h2>
    </center>
<hr />
<p>字体按照隶书、楷体、宋体的顺序被浏览器读取</p>
</body>
</html>
```

网页效果（图 15-2）

图 15-2 设置字体

15.3 字号设置——font-size

在 HTML 中设置字号使用的是<font>标签的 size 属性，而在 CSS 中是使用 font-size 属性来设置字号。

基本语法

font-size：绝对尺寸 |相对尺寸|百分比

语法说明

● 使用绝对尺寸的时候一定要加上单位，单位有 in（英寸）、px（像素）、cm（厘米）、mm（毫米）、pt（点）、pc（皮卡）。最常用的单位还是 px（像素）。

● 相对尺寸是指尺寸大小相对于父元素。

● 绝对尺寸和相对尺寸也可以使用关键字来定义字号。绝对尺寸的关键字有七个，分别为：xx-small（极小）、x-small（较小）、small（小）、medium（标准大小）、large（大）、x-large（较大）、

xx-large（极大）。相对尺寸则仅有两个关键字，分别为：larger（较大）和 smaller（较小）。相对尺寸的 larger 是指相对于父元素尺寸扩大一级，smaller 则是相对于父元素尺寸缩小一级。

● 百分比也是基于父元素中字体的大小为参考值的。如：

```
p{font-size:20px;}
b{font-size:200%;}
```

这两行代码说明，所有<p>标签中用<b>标签定义的文字尺寸大小，是在<p>标签中定义的文字大小的 200%，即为 40px。

实例代码（源代码位置：源代码\example\15\15-3-1.html）

```
<!--实例 15-3-1.html 代码-->
<html>
<head>
    <title>在 CSS 中设置字号</title>
    <style type="text/css">
    <!--
    .z1{font-size:0.3in;}
    .z2{font-size:30px;}
    .z3{font-size:0.5cm;}
    .z4{font-size:10mm;}
    -->
    </style>
</head>
<body>
    <center>
    <h2 class="z1">使用绝对尺寸设置字号大小</h2>
    </center>
    <hr />
    <p class="z2">这是 30 像素大小的文字</p>
    <p class="z3">这是 0.5 厘米大小的文字</p>
    <p class="z4">这是 10 毫米大小的文字</p>
</body>
</html>
```

网页效果（图 15-3）

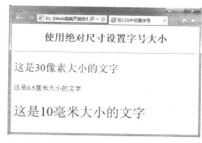

图 15-3　使用绝对尺寸设置字号

实例代码（源代码位置：源代码\example\15\15-3-2.html）

```
<!--实例 15-3-2.html 代码-->
<html>
<head>
    <title>在 CSS 中设置字号</title>
    <style type="text/css">
    <!--
    .z1{font-size:xx-small;}
    .z2{font-size:x-small;}
    .z3{font-size:smaller;}
```

```
        .z4{font-size:small;}
        .z5{font-size:medium;}
        .z6{font-size:large;}
    --></style>
</head>
<body>
    <center><h1 class="z6">使用关键字设置字号大小
      </h1></center><hr />
    <p class="z1">这是关键字为 xx-small 的字号大小</p>
    <p class="z2">这是关键字为 x-small 的字号大小</p>
    <p class="z3">这是关键字为 smaller 的字号大小</p>
     <p class="z4">这是关键字为 small 的字号大小</p>
    <p class="z5">这是关键字为 large 的字号大小</p>
</body>
</html>
```

网页效果（图 15-4）

图 15-4　使用关键字设置字号

15.4　字体样式——font–style

字体斜体设置，在 HTML 中可以用<i>标签设置字体为斜体，而在 CSS 中使用 font-style 属性来设置字体的斜体显示。

基本语法

```
font-style:normal|italic|oblique
```

语法说明

字体样式语法中 font-style 属性的取值说明见表 15-1。

表 15-1　　　　　　　　　　　　　　font-style 属性取值说明

属性的取值	说明
Normal	正常显示（浏览器默认的样式）
Italic	斜体显示文字
Oblique	歪斜体显示（比斜体的倾斜角度更大）

实例代码（源代码位置：源代码\example\15\15-4-1.html）

```
<!--实例 15-4-1.html 代码-->
<html>
<head>
    <title>在 CSS 中设置字体样式</title>
```

```
<style type="text/css">
<!--
.tt{ font-family:黑体; font-size:18px; color:red;}
.p1{font-style:normal;}
.p2{font-style:inherit;}
.p3{font-style:oblique;}
-->
</style>
</head>
<body>
    <center>
    <p class="tt">使用 font-style 属性</p>
    </center><hr />
    <p class="p1">这是属性取值为 normal 的正常效果</p>
    <p class="p2">这是属性取值为 italic 的斜体效果</p>
    <p class="p3">这是属性取值为 oblique 的歪斜体效果</p>
</body>
</html>
```

网页效果（图 15-5）

图 15-5　设置字体样式

15.5　字体加粗——font–weight

字体加粗，在 HTML 中是用<b>标签来设置文字为粗体，而在 CSS 中是利用 font-weight 属性设置字体的粗体显示。

基本语法

```
font-weight: normal|bold|bolder|lighter|number
```

语法说明

字体加粗语法中 font-weight 属性的取值说明见表 15-2。

表 15-2　　　　　　　　　　　　font-weight 属性取值说明

属性的取值	说明
normal	正常粗细（默认显示）
bold	粗体（粗细约为数字 700）
bolder	加粗体
lighter	细体（比正常字体还细）
number	数字一般都是整百，有九个级别（100～900），数字越大字体越粗

实例代码（源代码位置：源代码\example\15\15-5.html）

```html
<!--实例15-5.html 代码-->
<html>
<head>
<meta http-equiv="Content-Type" content="text/html; charset=utf-8" />
    <title>在 CSS 中设置字体加粗</title>
    <style type="text/css">
    <!--
    .b1{font-weight:normal;}
    .b2{font-weight:bold;}
    .b3{font-weight:bolder;}
    .b4{font-weight:lighter;}
    .b5{font-weight:100;}
    .b6{font-weight:400;}
    .b7{font-weight:700;}
    .b8{font-weight:900;}
    --></style>
</head>
<body>
    <center>
    <h3 class="b8">使用 font-weight 设置字体加粗</h3>
    </center>
    <hr />
    <p class="b1">font-weight 属性取值为正常粗细效果</p>
    <p class="b2">font-weight 属性取值为粗体效果</p>
    <p class="b3">font-weight 属性取值为加粗体效果</p>
    <p class="b4">font-weight 属性取值为细体效果</p>
    <p class="b5">font-weight 属性取值为 100 的效果</p>
    <p class="b6">font-weight 属性取值为 400 的效果</p>
    <p class="b7">font-weight 属性取值为 700 的效果</p>
</body>
</html>
```

网页效果（图 15-6）

图 15-6　设置字体加粗

15.6　字体变体——font-variant

设置字体变体，是指设置字体是否显示为小型的大写字母，一般用于英文字母控制。

基本语法

```
font-variant:normal|small-caps
```

语法说明

- normal：默认值，表示正常显示，保持原来字母不变显示。
- small-caps：表示英文字母显示为小型的大写字母。

实例代码（源代码位置：源代码\example\15\15-6.html）

```
<!--实例 15-6.html 代码-->
<html>
<head>
    <title>在 CSS 中设置小型的大写字母</title>
    <style type="text/css">
    <!--
    p{font-variant:small-caps;}
    -->
    </style>
</head>
<body>
    <center>
    <h3>使用 font-variant 属性设置字体变体</h3>
    </center>
    <hr />
    hello! do you like css?……小写的英文字母<br/>
    <p>hello! do you like css?……小写的英文字母变为了小型的大写字母</p>
</body>
</html>
```

网页效果（图 15-7）

图 15-7　设置字体变体

15.7　组合设置字体属性——font

组合设置字体，在 CSS 中可以利用 font 属性同时对文字设置多个属性，包括：字体列表、字体大小、字体风格、字体加粗及字体变体。

基本语法

```
font:font-style|font-variant|font-weight|font-size|line-height|font-family
```

语法说明

- 简写时，要保持上面的顺序不变，否则可能无效。
- 字体大小与行高之间只能用斜线 "/" 隔开。
- 必须同时设置了 font-size 和 font-family 才会起作用。

- font 属性主要用作不同字体属性的略写，同时还可以定义行高。
- 多个属性值之间一定要用空格间隔开。

例如：p{font:italic small-caps bold 14px/18px 宋体; }

以上代码表示该段落文字为斜体、英文小型大写字母显示、加粗、大小为 14 像素、行高为 18 像素，宋体。

实例代码（源代码位置：源代码\example\15\15-7.html）

```
<!--实例15-7.html代码-->
<html>
<head>
<meta http-equiv="Content-Type" content="text/html; charset=utf-8" />
<title>组合设置字体属性—font</title>
<style type="text/css">
<!--
p{font:italic small-caps bold 14px/20px Verdana, Geneva, sans-serif;}
-->
</style>
</head>
<body>
<p>组合设置字体属性—font 效果</p>
<p>Who are you?</p>
</body>
</html>
```

网页效果（图 15-8）

图 15-8　组合设置字体属性—font

15.8　小实例——利用 CSS 进行字体综合设置

实例代码（源代码位置：源代码\example\15\15-8.html）

```
<!--实例15-8.html代码-->
<html>
    <head>
    <title>小实例--综合设置字体</title>
    <style type="text/css">
<!--
h3 {
    font-family:黑体;
    font-size:25px;
    font-weight:bolder;
}
.p1 {
```

```
        font:italic small-caps 15pt/20pt 宋体;
    }
    -->
</style>
        </head>
        <body>
        <center>
            <h3>CSS 基本概念</h3>
        </center>
        <hr />
    CSS（Cascading Style Sheet）即层叠样式表，简称样式表。<br />
    <p class="p1">    CSS（Cascading Style Sheet）即层叠样式表，简称样
式表。</p>
        </body>
    </html>
```

网页效果（图 15-9）

图 15-9　综合设置字体

15.9　知识点提炼

本章介绍 CSS 中对字体的设置，包括：颜色(color)、字体(font-family)、字号(font-size)、样式
(font-style)、粗细(font-weight)、变体(font-variant)及综合字体设置(font)。

15.10　思考与练习

1. 选择题

（1）在 CSS 中，设置字体颜色的属性是（　　　）。

　　A. font-color　　　　B. color　　　　　C. font-text　　　　D. font

（2）在 CSS 中，设置字体列表的属性是（　　　）。

　　A. font-weight　　　B. font-variant　　C. font-family　　　D. font-style

（3）在 CSS 中，设置字体字号的属性是（　　　）。

　　A. size　　　　　　B. font-size　　　　C. font　　　　　　D. font-style

（4）在 CSS 中，设置字体加粗的属性是（　　　）。

　　A. font-family　　　B. font-style　　　C. font-weight　　　D. font-size

（5）在 CSS 中，设置字体斜体显示的属性是（　　　　）。

    A．font-family   B．font-style   C．font-weight   D．font-size

（6）在 CSS 中，设置英文以小型大写字母显示的属性为（　　　　）。

    A．font-family   B．font-style   C．font-variant   D．font-weight

（7）在 CSS 中，组合字体属性 font 能设置（　　　　）。

    A．字号   B．行距   C．字体   D．加粗

2．简答题

（1）请列举出 CSS 中有关对字体控制的属性。

（2）请说明综合字体属性 font 的用法及注意事项。

15.11　上机实例练习——制作利用 CSS 进行字体设置网页

第16章
段落样式表

CSS 样式表除了能对字体进行显示效果控制，还能对文本段落进行精确控制，包括：段落缩进、行高、字符间距、字间距、单词间距、文本修饰等。

学习目标

- CSS 对字符及单词控制
- CSS 对文本段落控制
- CSS 对文本修饰

16.1　调整字符间距——letter-spacing

在 CSS 中可以设置字符间距，字符间距属性为 letter-spacing，间距的取值必须符合长度标准。

基本语法

```
letter-spacing:normal|长度
```

语法说明

- normal：默认值，表示间距正常显示。
- 长度包括长度值和长度单位。长度值可以为负数；长度单位可以使用 15.3 节"字号设置"介绍的所有单位。

实例代码（源代码位置：源代码\example\16\16-1.html）

```html
<!--实例16-1.html 代码-->
<html>
<head>
  <title>应用letter-spacing属性</title>
  <style type="text/css">
  <!--
  .h{font-family:黑体;font-size:20pt;
   font-weight:bold;letter-spacing:normal;}
  .p1{font-family:宋体;font-size:18px;
   letter-spacing:5px;}
  .p2{font-family:宋体;font-size:18px;
   letter-spacing:15px;}
  -->
  </style>
</head>
<body>
    <center><h2 class="h">设置字符间距</h2>
```

```
   </center><hr />
   <p class="p1">这段文字的字符间距为 5 像素</p>
   <p class="p2">这段文字的字符间距为 15 像素</p>
</body>
</html>
```

网页效果（图 16-1）

图 16-1　设置字符间距

16.2　调整单词间距——word–spacing

在 CSS 中，不仅可以设置字符间距，还可以设置单词间距。单词间距属性为 word-spacing。

基本语法

```
word-spacing:normal|长度
```

语法说明

- normal：默认值，表示正常间距。
- 长度包括长度值和长度单位。长度值可以为负数；长度单位可以使用 15.3 节"字号设置"
介绍的所有单位。

实例代码（源代码位置：源代码\example\16\16-2.html）

```
<!--实例 16-2.html 代码-->
<html>
<head>
  <title>应用 word-spacing 属性</title>
  <style type="text/css"><!--
  .h{font-family:黑体;font-size:20px;font-weight:bold;}
  .p1{font-family:"Times New Roman";font-size:18px;
   word-spacing:normal;}
  .p2{font-family:"Times New Roman";font-size:18px;
   word-spacing:10px;}
  -->
  </style>
</head>
<body>
    <center><h2 class="h">设置单词间距</h2>
    </center><hr />
    <p class="p1">this is a good book,many people like.·····单词间距为正常显示</p>
    <p class="p2">this is a good book,many people like.·····单词间距为 10 像素</p>
</body>
</html>
```

网页效果（图 16-2）

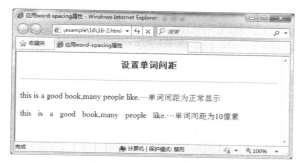

图 16-2　设置单词间距

16.3　添加文本修饰——text–decoration

在 CSS 中，可以给文本添加文本修饰，包括：上划线、删除线、下划线等。文本修饰属性为 text-decoration。

基本语法

```
text-decoration:underline|oveline|line-through|blink|none
```

语法说明

- 语法中的属性值可以是上面所列的一个或多个。
- text-decoration 属性的取值说明见表 16-1。

表 16-1　　　　　　　　　　　　　text-decoration 属性取值说明

属性的取值	说明
underline	给文字添加下划线
overline	给文字添加上划线
line-though	给文字添加删除线
blink	添加文字闪烁效果（只能在 Netscape 浏览器中正常显示）
none	默认值，没有文本修饰

实例代码（源代码位置：源代码\example\16\16-3.html）

```html
<!--实例 16-3.html 代码-->
<html>
<head>
  <title>应用 text-decoration 属性</title>
  <style type="text/css">
  <!--
  h2{font-family:黑体;font-size:20px;font-weight:bold;}
  .p1{font-size:18px;text-decoration:underline;}
  .p2{font-size:18px;text-decoration:line-through;}
  .p3{font-size:18px;text-decoration:overline;}
  -->
  </style>
</head>
```

```
<body>
    <center><h2>添加文字修饰</h2>
    </center><hr />
    <p class="p1">这段文字为添加下划线的效果</p>
    <p class="p2">这段文字为添加删除线的效果</p>
    <p class="p3">这段文字为添加上划线的效果</p>
</body>
</html>
```

网页效果（图 16-3）

图 16-3　添加文字修饰

16.4　文本对齐方式——text–align

在 CSS 中，设置文本水平对齐方式的属性为 text-align。其功能很类似于 Word 中的文本对齐方式。

基本语法

```
Text-align:left|right|center|justify
```

语法说明

- left：默认值，代表左对齐方式。
- right：代表右对齐方式。
- center：表居中对齐方式。
- justify：代表两端对齐方式。

实例代码（源代码位置：源代码\example\16\16-4.html）

```
<!--实例 16-4.html 代码-->
<html>
<head>
  <title>应用 text-align 属性</title>
  <style type="text/css"><!--
  h2{font-family:黑体;font-size:18pt;text-align:center;}
  .p1{font-size:18px;text-align:left;}
  .p2{font-size:18px;text-align:right;}
  -->
  </style>
</head>
<body>
    <h2 class="h">设置文本排列方式</h2><hr />
```

```
  <p class="p1">这段文字为左对齐排列方式。</p>
  <p class="p2">这段文字为右对齐排列方式。</p>
</body>
</html>
```

网页效果（图 16-4）

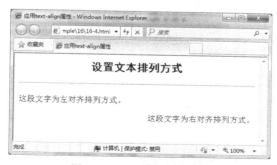

图 16-4　设置文本排列方式

16.5　设置段落缩进——text-indent

段落缩进 text-indent 属性可以控制每个文本段落的首行缩进。该属性若没有设置值时，默认值为不缩进。

基本语法

```
text-indent:长度|百分比
```

语法说明

- 长度包括长度值和长度单位，和前面提到的长度单位一样。
- 百分比则是相对本元素的宽度而定的。

实例代码（源代码位置：源代码\example\16\16-5.html）

```
<!--实例 16-5.html 代码-->
<html>
<head>
  <title>应用 text-indent 属性</title>
  <style type="text/css"><!--
  h2{font-family:黑体;font-size:18pt;}
  .p1{font-size:12px;text-indent:25%;}
  .p2{font-size:12px;text-indent:30px;}
  .p3{font-size:12px;text-indent:30pt;}
  -->
  </style>
</head>
<body>
   <h2>设置段落缩进</h2><hr />
    <p class="p1">这段文字为的首行缩进为 25%，这段文字为的首行缩进为 25%</p>
    <p class="p2">这段文字为的首行缩进为 30 像素，这段文字为的首行缩进为 30 像素</p>
    <p class="p3">这段文字为的首行缩进为 30 点，这段文字为的首行缩进为 30 点</p>
</body>
</html>
```

网页效果（图 16-5）

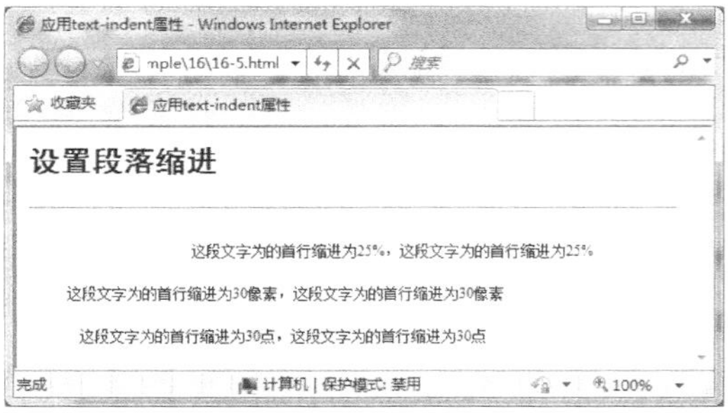

图 16-5　设置段落缩进

16.6　设置行高——line-height

前面学习到综合字体属性 font 可以设置行高，其实行高还可以单独设置。使用行高 line-height 属性可以控制行间距。行间距通常是指上一行的下端到下一行上端之间的距离，所以调整行高也就是调整行间距。

基本语法

`line-height:normal|数字|长度|百分比`

语法说明

- normal：默认值，一般受字体大小影响。
- 数字：表示行高为该字体字号与数字相乘的结果。
- 长度：表示行高就是长度指定的大小。
- 百分比：表示行高是该元素字体大小的百分比，类似数字。

实例代码（源代码位置：**源代码\example\16\16-6.html**）

```
<!--实例 16-6.html 代码-->
<html>
<head>
  <title>应用 line-height 属性</title>
  <style type="text/css"><!--
  h2{font-family:黑体;font-size:18pt;line-height:normal;}
  .p1{font-size:15px;line-height:18px;}
  .p2{font-size:15px;line-height:150%;}
  .p3{font-size:15px;line-height:2;}
  -->
  </style>
</head>
<body>
    <center><h2>设置行高</h2></center><hr/>
    <p class="p1">这段文字的行高为 18 像素，这段文字的行高为 18 像素，这段文字的行高为 18 像素</p>
    <p class="p2">这段文字的行高为字号大小 15 像素的 150%，即行高为 22.5 像素</p>
    <p class="p3">这段文字的行高为字号大小 15 像素的 2 倍，即行高为 15px 乘 2，即 30 像素</p>
</body>
</html>
```

网页效果（图 16-6）

图 16-6　调整行高

16.7　英文大小写转换——text–transform

前面学习过变体属性 font-variant 可以控制英文字母为小型大写字母显示，但功能单一；而英文大小写转换属性 text-transform 能灵活控制英文单词的大小写转换。

基本语法

```
text-transform:uppercase|lowercase|capitalize|none
```

语法说明

基本语法中的属性值说明见表 16-2。

表 16-2　text-transform 属性取值说明

属性的取值	说明
uppercase	使所有单词的字母都大写
lowercase	使所有单词的字母都小写
capitalize	使每个单词的首字母大写
none	默认值，保持原始状态显示

实例代码（源代码位置：源代码\example\16\16-7.html）

```
<!--实例 16-7.html 代码-->
<html>
<head>
  <title>应用 text-transform 属性</title>
  <style type="text/css">
  <!--
  h2{font-family:黑体;font-size:18pt;}
  .p1{font-size:15px;text-transform:uppercase;}
  .p2{font-size:15px;text-transform:lowercase;}
  .p3{font-size:15px;text-transform:capitalize;}
  .p4{font-size:15px;text-transform:none;}
  -->
  </style>
</head>
<body>
    <center><h2>转换英文大小写</h2></center><hr>
```

```
    <p class="p1">WELCOME TO CHINa. ……所有单词的字母都大写</p>
    <p class="p2">welcome to china. ……所有单词的字母都小写</p>
    <p class="p3">Welcome To China. ……每个单词的首字母大写</p>
    <p class="p4">Welcome To China. ……默认值</p>
</body>
</html>
```

网页效果（图 16-7）

图 16-7　转化英文大小写

16.8　小实例——利用 CSS 进行段落精确编排

实例代码（源代码位置：源代码\example\16\16-8-1.html）

```
<!--实例 16-8-1.html 代码-->
<html>
<head>
<title>我心温柔，自有力量</title>
<meta http-equiv="Content-Type" content="text/html; charset=utf-8">
<link href="css/16-8.css" rel="stylesheet" type="text/css">
</head>
<body>
<h3>我心温柔，自有力量<br/>
My heart is gentle, its own strength</h3>
<table border="0" cellspacing="0" cellpadding="20">
  <tr>
    <td>
    <img src="images/book.jpg" width="400" height="265">
    <p class="yj">原价：￥38.00</p>
    <p class="xj">现价：￥24.70</p>
    </td>
    <td><p class="fcn">我心温柔，自有力量</p>
    <p class="f14cn">生活中打动我们的，往往是那些小而美的事物：一个深情的拥抱、一束蓬勃的鲜花、一张
充满生气的笑脸……正是这些美好的瞬间，决定了我们人生的幸福感。如何能够让这样的瞬间越来越丰厚，让它闪耀的
光芒穿透每一个平凡的日常，抱着这样的信念，我们做了这一本主题书：诗意而有力量的生活。</p>
    <p class="fen">My heart is gentle, its own strength</p>
    <p class="f14en">Life moves us, is often the small and beautiful things: a loving hug,
a bouquet of flowers, a smile full of lively smile... It is these beautiful moments that
determine our happiness of life. How can make such a moment more and more rich, let it shine
the light penetrate every ordinary day, hold this belief, we have done this book:Life of
the poetry and strength.</p></td>
  </tr>
```

```
</table>
</body>
</html>
```

CSS 样式表文件 16-8.css 代码如下

```
@charset "utf-8";
/* CSS Document */
h3{font:bold 22px/28px 黑体; text-transform:uppercase}
.yj{text-decoration:line-through; font-size:18px; color:#333;}
.xj{font-size:28px; color:#F00}
.fcn{ font-size:22px; letter-spacing:5px; font-weight:bold}
.f14cn{ font-size:14px; text-indent:30px; line-height:2;}
.fen{ font-size:22px;}
.f14en{ font-size:14px; word-spacing:10px; text-indent:30px; line-height:2;}
```

网页效果（图 16-8）

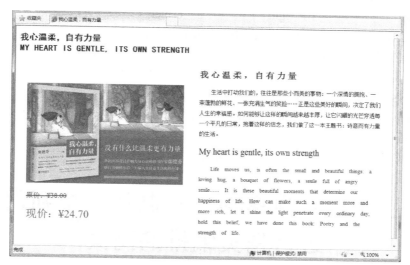

图 16-8　CSS 段落编排案例

16.9　知识点提炼

　　本章重点介绍 CSS 对文本段落的控制，包括:符间距(letter-spacing)、单词间距（word-spacing）、文本修饰（text-decoration）、文本对齐方式（text-align）、段落缩进（text-indent）、行高设置（line-height）、英文大小写转换（text-transform）等。

16.10　思考与练习

1.　选择题

（1）设置段落缩进的属性为（　　）。

　　A.　word-spacing

　　B.　text-decoration

  C．text-align   D．text-indent

（2）调整中文文字的字间距，可使用属性（ ）。

  A．word-spacing   B．letter-spacing

  C．text-decoration   D．letter-decoration

（3）在 CSS 中，调整字符间距可以使用（ ）属性。

  A．letter-spacing   B．word-spacing

  C．text-decoration   D．letter-decoration

（4）在 CSS 中，调整英文单词间距可以使用（ ）属性。

  A．letter-spacing   B．word-spacing

  C．word-decoration   D．letter-decoration

（5）属于 text-align 语法中的属性值的有（ ）。

  A．left   B．right   C．center   D．none

（6）text-decoration 属性取值中的 overline 表示（ ）。

  A．给文字添加上划线   B．给文字添加下划线

  C．给文字添加删除线   D．添加文字闪烁效果

（7）在 CSS 中，设置行高的属性为（ ）。

  A．line   B．line-height   C．line-spacing   D．spacing

2．简答题

请列举出 CSS 中对文本段落编排的所有属性。

16.11 上机实例练习——制作一个利用 CSS 进行精美编排的网页

第17章
列表和背景

前面在介绍 HTML 过程中，学习了列表，这里主要学习利用 CSS 样式对列表进行显示效果的控制。本章还将介绍背景样式的使用，背景主要包括背景颜色和背景图片。

学习目标

- CSS 对列表的控制
- CSS 对元素背景的控制

17.1 列表样式——list-style-type

list-style-type 属性设置列表项标签的类型。

基本语法

`li-style-type:属性值;`

语法说明

设置列表项标签语法中 list-style-type 的属性值说明见表 17-1。

表 17-1　　　　　　　　　　　　list-style-type 属性取值说明

属性	说明
none	无标签
disc	默认。标签是实心圆
circle	标签是空心圆
square	标签是实心方块
decimal	标签是数字
decimal-leading-zero	0 开头的数字标签（01, 02, 03，等）
lower-roman	小写罗马数字（i, ii, iii, iv, v，等）
upper-roman	大写罗马数字（i, ii, iii, iv, v，等）
lower-alpha	小写英文字母 the marker is lower-alpha (a, b, c, d, e，等)

属性	说明
upper-alpha	大写英文字母 the marker is upper-alpha (a, b, c, d, e, 等)
lower-greek	小写希腊字母(alpha, beta, gamma, 等)
lower-latin	小写拉丁字母(a, b, c, d, e, 等)
upper-latin	大写拉丁字母(a, b, c, d, e, 等)
hebrew	传统的希伯来编号方式
armenian	传统的亚美尼亚编号方式
georgian	传统的乔治亚编号方式 (an, ban, gan, 等)
cjk-ideographic	简单的表意数字
hiragana	标签是：a, i, u, e, o, ka, ki, 等（日文片假名）
katakana	标签是：a, i, u, e, o, ka, ki, 等（日文片假名）
hiragana-iroha	标签是：i, ro, ha, ni, ho, he, to, 等（日文片假名）
katakana-iroha	标签是：i, ro, ha, ni, ho, he, to, 等（日文片假名）

实例代码（源代码位置：源代码\example\17\17-1.html）

```html
<!--实例 17-1.html 代码-->
<html>
<head>
<meta http-equiv="Content-Type" content="text/html; charset=utf-8" />
<title>设置列表样式</title>
<style>
ul.circle {
    list-style-type:circle;
}
ul.square {
    list-style-type:square;
}
ol.upper-roman {
    list-style-type:upper-roman;
}
ol.lower-alpha {
    list-style-type:lower-alpha;
}
</style>
</head>
<body>
<p align="center">列表样式 list-style-type</p>
<p>
<ul class="circle">
  <li>圆点的列表样式</li>
  <li>无序序列</li>
</ul>
</p>
<p>
<ul class="square">
```

```
    <li>方块的列表样式</li>
    <li>无序序列</li>
 </ul>
 </p>
 <p>
 <ol class="upper-roman">
   <li>罗马数字序列</li>
   <li>有序序列</li>
 </ol>
 </p>
 <p>
 <ol class="lower-alpha">
   <li>小写英文序列</li>
   <li>有序序列</li>
 </ol>
 </p>
 </body>
 </html>
```

网页效果（图 17-1）

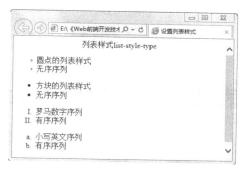

图 17-1　设置列表样式

17.2　列表图像——list–style–image

list-style-image 将图像设置为列表项标签。

基本语法

```
list-style-image: url("图片位置");
```

语法说明

list-style-image 属性使用图像来替换列表项的标签。

实例代码（源代码位置：源代码\example\17\17-2-1.html）

```
<!--实例 17-2-1.html 代码-->
<html>
<head>
<meta http-equiv="Content-Type" content="text/html; charset=utf-8" />
<title>设置列表图像</title>
<style>
ul {
    list-style-image:url("images/17-2-1.jpg");
}
</style>
</head>
```

```
<body>
<p align="center">列表图像 list-style-image</p>
<p>
<ul>
  <li>列表序号处显示图片</li>
  <li>看前面</li>
  <li><----</li>
</ul>
</p>
</body>
</html>
```

网页效果（图 17-2）

图 17-2　设置列表图像

17.3　列表位置——list–style–position

list-style-position 设置列表中列表项标签的位置。

基本语法

```
list-style-position: inside|outside|inherit;
```

语法说明

● 该属性用于设置列表标签相对于列表项内容的位置。

● inside 列表项标签放置在文本以内，且环绕文本根据标签对齐。

● outside 默认值，保持标签位于文本的左侧。列表项标签放置在文本以外，且环绕文本不根据标签对齐。

● inherit 规定应该从父元素继承 list-style-position 属性的值。

实例代码（源代码位置：源代码\example\17\17-3.html）

```
<!--实例 17-3.html 代码-->
<html>
<head>
<meta http-equiv="Content-Type" content="text/html; charset=utf-8" />
<title>设置列表位置</title>
<style>
ul.style1 {
    list-style-position:inside;
    border:5px solid red;
}
ul.style2 {
    list-style-position: inherit;
    border:5px solid blue;
}
</style>
```

```
</head>
<body>
<p align="center">列表位置 list-style-position</p>
<p>
<ul class="style1">
  <img src="images/17-3-1.jpg"/>
  <li>图像与列表位置</li>
  <li><---</li>
</ul>
<ul class="style2">
  <img src="images/17-3-1.jpg"/>
  <li>图像不与列表位置</li>
  <li><---</li>
</ul>
</p>
</body>
</html>
```

网页效果（图 17-3）

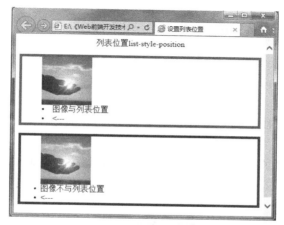

图 17-3　设置列表位置

17.4　设置背景颜色——background-color

在 HTML 中，设置网页的背景颜色可使用 <body> 标签的 bgcolor 属性，而在 CSS 中可以使用 background-color 属性，不仅可以设置网页的背景颜色，还可以设置所有元素的背景颜色。

基本语法

`background-color`: 关键字 | RGB 值 | transparent

语法说明

- 关键字：可以直接写颜色单词，如：red，代表红色。
- RGB 值：用 RGB 方式书写颜色，如：RGB (255, 0, 0)是 RGB 函数值，表示红色，#00FF00 是十六进制的 RGB 值，表示绿色。详细见 15-1 节。
- transparent：表示背景透明，是背景颜色 background-color 属性的初始值。

实例代码（源代码位置：源代码\example\17\17-4.html）

```
<!--实例 17-4.html 代码-->
<html>
  <head>
  <title>应用背景颜色属性</title>
  <style type="text/css">
<!--
body {
    background-color:#0000FF;
}
h2 {
    font-family:黑体;
    font-size:18px;
    color:#FFFFFF;
}
.p1 {
    font-family:宋体;
    font-size:16px;
    color:#000000;
    background-color:yellow;
}
-->
</style>
  </head>
  <body>
  <center>
    <h2>设置背景颜色属性</h2>
  </center>
  <hr/>
  <p class="p1">网页的背景颜色为蓝色，该段文字的字体颜色为黑色，而文字的背景色为黄色。</p>
</body>
</html>
```

网页效果（图 17-4）

图 17-4　设置背景颜色

17.5　设置背景图片——background–image

在 HTML 中,设置网页的背景图片都是使用的 background 属性，而在 CSS 中可以用 background-image 属性或 background 属性来设置元素的背景图片。

基本语法

```
background-image: url|none
```

语法说明

- url：背景图片路径，可以是绝对路径或相对路径。
- none：默认值，表示没有背景图片。

实例代码（源代码位置：源代码\example\17\17-5.html）

```
<!--实例 17-5.html 代码-->
<html>
  <head>
  <title>应用背景图片属性</title>
  <style type="text/css">
<!--
body {
    background-image:url(images/17-5-1.jpg);
}
h2 {
    font-family:黑体;
    font-size:20pt;
    color:red;
}
.p1 {
    font-size:18px;
    color:black;
    background:url(images/17-5-2.jpg);
}
-->
</style>
  </head>
  <body>
  <center>
    <h2>插入背景图片</h2>
  </center>
  <hr/>
  <p class="p1">这段文字的颜色为黑色，文字背景为图片 17-5-2.jpg，网页背景为图片 17-5-1.jpg。</p>
</body>
</html>
```

网页效果（图 17-5）

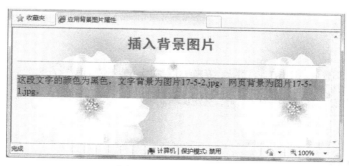

图 17-5　插入背景图片

17.6　设置背景附件——background-attachment

在 CSS 中，背景附件属性 background-attachment 可以设置背景图片是否随着滚动条一起移动。

基本语法

```
background-attachment: scroll|fixed
```

语法说明

- scroll：默认值，背景图片会随着浏览器滚动条的移动而移动。
- fixed：背景图片不会随着滚动条的移动而移动，背景图片固定在页面上不动。

实例代码（源代码位置：源代码\example\17\17-6.html）

```
<!--实例 17-6.html 代码-->
<html>
<head>
<title>应用背景附件属性</title>
<style type="text/css">
<!--
body {
    background-image:url(images/17-6-1.jpg);
    background-attachment:scroll;
    background-repeat:no-repeat;
}
h2 {
    font-family:黑体;
    font-size:20pt;
    color:red;
}
p {
    font-size:18px;
    color:#000000;
    text-align:center;
}
-->
</style>
<meta http-equiv="Content-Type" content="text/html;
 charset=utf-8">
</head>
<body>
<center>
  <h2>忆江南</h2>
</center>
<hr/>
<p>江南好，风景旧曾谙。日出江花红胜火，春来江水绿如蓝。能不忆江南？</p>
<p>江南忆，最忆是杭州。山寺月中寻桂子，郡亭枕上看潮头。何日更重游？</p>
<p>江南忆，其次忆吴宫。吴酒一杯春竹叶，吴娃双舞醉芙蓉。早晚复相逢？</p>
……
</body>
</html>
```

网页效果（图 17-6）

图 17-6　插入背景图片

效果说明

　　图 17-6 是没有移动滚动条前的效果,可以清楚地看到背景图片 "17-6-1.jpg" 的全貌。而图 17-7 是移动滚动条后的效果。因为背景图片设置为随着滚动条的移动而移动,所有只看到背景图片的一部分。如果将背景图片设置为不随着滚动条的移动而移动,也就是在源代码中设置 background-attachment 的属性值为 fixed,那么移动滚动条后的效果将如图 17-8 所示。

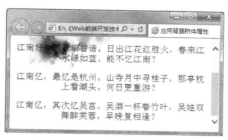

图 17-7　移动滚动条后的效果

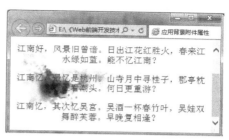

图 17-8　设置属性值为 fixed 后的效果

17.7　设置背景图片重复——background–repeat

　　在 CSS 中,背景图片默认情况下是在水平和垂直方向重复铺满整个页面窗口。但是可以利用 background-repeat 属性控制背景图片的平铺方式。

基本语法

```
background-repeat:repeat|repeat-x|repeat-y|no-repeat
```

语法说明

重复背景图片语法中 background-repeat 属性的取值说明见表 17-2。

表 17-2　　　　　　　　　　background-repeat 属性取值说明

属性取值	说明
repeat	背景图片在水平和垂直方向平铺（默认值）
repeat-x	背景图片在水平方向平铺
repeat-y	背景图片在垂直方向平铺
no-repeat	背景图片不平铺

实例代码（源代码位置：源代码\example\17\17-7.html）

```
<!--实例 17-7.html 代码-->
<html>
<head>
<title>重复背景图片</title>
<style type="text/css">
<!--
body {
    background-image:url(images/17-7-1.jpg);
    background-repeat:repeat-x;
}
h2 {
```

```
        font-family:黑体;
        font-size:20px;
        color:red;
    }
    .p1 {
        font-size:16px;
        color:black;
        text-align:center;
    }
    -->
    </style>
    </head>
    <body>
    <center>
     <h2>设置背景图片重复</h2>
    </center>
    <hr/>
    <p class="p1">这里应用 background-repeat 属性的 repeat-x 属性值，
    设置背景图片在水平方向平铺。</p>
    </body>
    </html>
```

网页效果（图 17-9）

图 17-9　设置背景图片重复

17.8　设置背景图片位置——background-position

在设置背景图片时，若设置背景图片为不重复，背景图片默认显示在网页的左上角。也可以利用背景图片位置 background-position 属性任意设置背景图片的显示位置。

基本语法

`background-position：百分比|长度|关键字`

语法说明

● 百分比：要指定两个数值：一个代表水平位置，一个代表垂直位置。水平位置的参考点是网页页面的左边；垂直位置的参考点是页面的上边。例如：background-position：40% 60%，表示背景图片的水平位置为左边起 40%，垂直为上边起 60%。

● 长度：同百分比一样，只是这里用具体数值表示，例如：background-position：80px 120px，表示背景图片的水平位置为左边起 80px，垂直位置为上边起 120px。

● 关键字：在水平方向的主要有 left、center、right，表示居左、居中和居右；在垂直方向的主要有 top、center、bottom，表示顶端、居中和底部。其中水平方向和垂直方向的关键字可相互搭配使用。

使用百分比和关键字对比说明 background-position 属性的属性值见表 17-3。

表 17-3   background-position 属性取值说明

关键字	百分比	说明
top left	0% 0%	左上位置
top center	50% 0%	靠上居中位置
top right	100% 0%	右上位置
left center	0% 50%	靠左居中位置
center center	50% 50%	正中位置
right center	100% 50%	靠右居中位置
bottomleft	0% 100%	左下位置
bottom center	50% 100%	靠下居中位置
bottom right	100% 100%	右下位置

实例代码（源代码位置：源代码\example\17\17-8.html）

```
<!--实例 17-8.html 代码-->
<html>
<head>
<title>设置背景图片位置</title>
<style type="text/css">
<!--
h2 {
    font-family:黑体;
    font-size:20px;
}
.p1 {
    background-image:url(images/17-8-1.png);
    background-repeat:no-repeat;
    background-position:100% 0%;
}
.p2 {
    background-image:url(images/17-8-1.png);
    background-repeat:no-repeat;
    background-position:50% 50%;
}
.p3 {
    background-image:url(images/17-8-1.png);
    background-repeat:no-repeat;
    background-position:0% 100%;
}
-->
</style>
</head>
<body>
<center>
  <h2>忆江南</h2>
</center>
<hr/>
<p class="p1">江南好，风景旧曾谙。日出江花红胜火，春来江水绿如蓝。能不忆江南？</p>
<p class="p2">江南忆，最忆是杭州。山寺月中寻桂子，郡亭枕上看潮头。何日更重游？</p>
<p class="p3">江南忆，其次忆吴宫。吴酒一杯春竹叶，吴娃双舞醉芙蓉。早晚复相逢？</p>
</body>
```

```
</html>
```
网页效果（图 17-10）

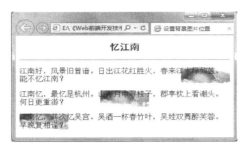

图 17-10　设置背景图片位置

17.9　综合设置背景——background

前面介绍了背景颜色 background-color、背景图片 background-image、背景图片重复 background-repeat、背景图片位置 background-position 等所有背景属性，其实都可以利用综合背景属性 background 一次全部设置好。

基本语法

background: 背景颜色 url(背景图片路径) 是否平铺 是否固定 起始位置;

语法说明

- 背景颜色：和前面介绍的背景颜色的属性值一样。
- 背景图片路径：可以是相对路径或绝对路径，建议用相对路径。
- 是否平铺：一般取值为 no-repeat、repeat-x、repeat-y 之一。
- 是否固定：一般取值为 scroll、fixed 之一。
- 起始位置：和上一节介绍一样，可以是关键词、百分比、数值。

实例代码（源代码位置：源代码\example\17\17-9.html）

```
<!--实例 17-9.html 代码-->
<html>
<head>
<title>综合设置背景</title>
<style type="text/css">
<!--
body{background:#F99 url(images/17-9.jpg) no-repeat 50% 50%}
h2 {font-family:黑体;font-size:36px;
}
p{font-size:26px; line-height:2}
-->
</style>
<meta http-equiv="Content-Type" content="text/html;
 charset=utf-8">
</head>
<body>
<table align="center" width="400" height="400" border="0" cellspacing="0" cellpadding=
"20">
    <tr>
```

```
    <td height="170" align="center" valign="bottom"><h2>江南</h2></td>
  </tr>
  <tr>
    <td align="center"><p>
江南可采莲, 莲叶何田田。<br/>
鱼戏莲叶间, 鱼戏莲叶东, <br/>
鱼戏莲叶西, 鱼戏莲叶南, <br/>
鱼戏莲叶北。
</p></td>
  </tr>
</table>
</body>
</html>
```

网页效果（图 17-11）

图 17-11　综合设置背景

17.10　小实例——字体和背景的综合应用

实例代码（源代码位置：源代码\example\17\17-10.html）

```html
<!--实例 17-10.html 代码-->
<html>
<head>
<title>设置颜色和背景</title>
<style type="text/css">
<!--
body { background:url(images/17-10-1.jpg) no-repeat bottom right;
}
h2 {
    font-family:黑体;
    color:white;
    font-size:20px;
    background-image:url(images/17-10-2.jpg);
    background-repeat:repeat-x;
}
p {
    font-size:18px;
    color:blue;
    background-color:yellow;
}
-->
</style>
```

```
<meta http-equiv="Content-Type" content="text/html; charset=utf-8">
</head>
<body>
<center>
  <h2>黄鹤楼</h2>
  <hr/>
  <p>昔人已乘黄鹤去，此地空余黄鹤楼。</p>
  <p>黄鹤一去不复返，白云千载空悠悠。</p>
  <p>晴川历历汉阳树，芳草萋萋鹦鹉洲。</p>
  <p>日暮乡关何处是，烟波江上使人愁。</p>
</center>
</body>
</html>
```

网页效果（图 17-12）

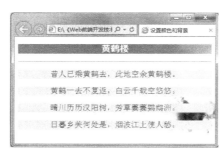

图 17-12　设置颜色和背景

17.11　知识点提炼

本章主要学习了列表样式和背景样式。列表样式包括：列表样式(list-style-type)、列表图像(list-style-image)、列表位置(list-style-position)；背景样式包括：背景颜色(background-color)、背景图片(background-image)、背景附件(background-attachment)、背景图片重复(background-repeat)、背景图片位置(background-position)、综合设置背景(background)。

17.12　思考与练习

1. **选择题**

（1）下面哪个不属于对列表控制的样式属性？（　　　）

    A．list-style-type　　　　　　　　　　B．list

    C．list-style-image　　　　　　　　　　D．list-style-position

（2）有关列表位置属性 list-style-position 的值，不正确的是（　　　）。

    A．bottom right　　　B．50px 50px　　　C．50% 50%　　　D．50 50

（3）在 CSS 中，要设置文字的背景颜色，应该使用属性（　　　）。

    A．color　　　　　　B．bgcolor　　　　　C．bg-color　　　　D．background-color

（4）在 CSS 中，设置背景图片，可以使用属性（　　　）。

A.　background
B.　background-color
C.　background-image
D.　bgcolor

（5）要设置背景图片在垂直方向平铺，应该设置为（　　）。

A.　background-image:repeat
B.　background-image:repeat-x
C.　background-image:repeat-y
D.　background-image:no-repeat

（6）背景附件属性 background-attachment 的取值有（　　）。

A.　scroll
B.　top left
C.　left top
D.　fixed

2．简答题

（1）请列举说明控制列表显示的 CSS 样式有哪些？

（2）请列举说明控制元素背景的属性有哪些？

17.13　上机实例练习——利用背景和列表样式制作新闻列表

第 18 章
CSS 盒子模型

每个原始区域都可以理解为一个 CSS 盒子模型。利用 CSS 相关属性来控制盒子模型显示效果，熟悉 CSS 盒子模型是 DIV+CSS 布局的基础。

学习目标

- 理解 CSS 盒子模型
- 熟悉 CSS 盒子模型属性
- 熟悉 display 常用属性值

18.1　CSS 盒子模型概述

在 HTML 中，网页中的任何一个原始区域都可以看作一个盒子模型，如 div、p 等块元素，默认情况下就是一个盒子。学好 CSS 盒子模型是网页布局的基础（见图 18-1）。

CSS 盒子模型包括一系列与盒子相关的属性（内容、填充、边框、边界），可以控制各个盒子乃至整个 HTML 文档的表现效果和布局结构。虽然 CSS 中没有盒子这个单独的属性对象，但它却是 CSS 中无处不在的一个重要组成部分。盒子模型如下。

图 18-1　CSS 盒子模型

margin（外边距），它不会影响盒子本身的大小，但是它会影响和盒子有关的其他内容，因此 margin 是盒子模型的一个重要的组成部分。

border（边框），盒子模型边框，包括：边框宽度（粗细）、边框颜色、边框线型。当边框宽度属性值为 0 时，边框则不显示。

padding（内边距），是 content 到 border 之间的区域，可以控制盒子模型内容到边的距离。

content（内容填充），盒子模型的内容区域，可以插入文本、图片等网页元素。盒子模型的宽度 width 和高度 height 就是 content 区域的大小。

每个盒子都可以看成是由从内到外的四个部分构成，即内容、填充、边框和边界。CSS 为这四个部分规定了相关的属性，通过对这些属性的控制可以丰富盒子的实际表现效果。

18.2　CSS 内边距——padding

padding（内边距）又称填充，是内容填充 content 到边框 border 之间的区域。它包括 5 个属性：上边距属性 padding-top、下边距属性 padding-bottom、左边距属性 padding-left、右边距属性 padding-right 和内边距复合属性 padding。

基本语法

```
padding-top:长度|百分比
padding-bottom:长度|百分比
padding-left:长度|百分比
padding-right:长度|百分比
padding:长度|百分比
```

语法说明

- 长度包括长度值和长度单位。
- 百分比是相对于上级元素宽度的百分比，不允许使用负数。
- 填充复合属性 padding 的取值方法，可以同时定义上、右、下、左。

实例代码（源代码位置：源代码\example\18\18-2.html）

```
<!--实例 18-2.html 代码-->
<html>
    <head>
    <title>设置边距属性</title>
    <style type="text/css">
<!--
.b1 {
    border:10px double green;
}
.b2 {
    border:8px solid red;
    padding:35px 10px 15px 25px;
}
-->
</style>
    </head>
    <body>
<h2>设置填充属性</h2>
<p class="b1">该段文字内容和边框之间没有设置空白距离</p>
<p class="b2">该段文字内容应用填充复合属性，设置了与边框上右下左之间的空白距离为 35 像素、10 像素、
15 像素和 25 像素。</p>
    </body>
    </html>
```

网页效果（图 18-2）

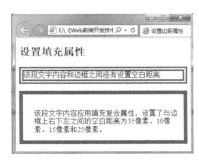

图 18-2　设置边距属性

效果说明

从图 18-2 上下两段文字应用边框后的效果可以发现，第一段文字没有设置文字和边框之间的填充值，所以它们之间没有空白；而第二段文字在上、右、下、左和边框之间分别设置了不同的

填充值，所以空白距离也是不同的。

18.3　CSS 边框——border

在 CSS 中，边框属性包：括边框宽度、边框样式和边框颜色。而且边框属性也包括五个属性，并且这些属性都是复合属性，即：上边框属性 border-top、右边框属性 border-right、下边框属性 border-bottom、左边框属性 border-left 和边框属性 border。这五个属性中任意一个都可以同时设置边框宽度、边框样式和边框颜色。

基本语法

```
border:<边框宽度>||<边框样式>||<边框颜色>
border-top:<上边框宽度>||<上边框样式>||<上边框颜色>
border-right:<右边框宽度>||<右边框样式>||<右边框颜色>
border-bottom:<下边框宽度>||<下边框样式>||<下边框颜色>
border-left:<左边框宽度>||<左边框样式>||<左边框颜色>
```

语法说明

● 基本语法中每一个属性都是一个复合属性，都可以同时设置边框宽度、边框样式和边框颜色。但是在用该语法定义边框属性时，每个属性值之间必须用空格隔开。如：border-top:5px solid #FFFF00。

● 在上面 5 个边框属性中，只有 border 属性可以同时设置上、右、下、左四边属性。其他的只能设置单边框的属性。如：border-right 这个属性只能设置右边框的宽度、样式和颜色。

实例代码（源代码位置：源代码\example\18\18-3.html）

```
<!--实例 18-3.html 代码-->
<html>
<head>
<title>设置边框属性</title>
<style type="text/css">
<!--
h2 {
    font-family:黑体;
    font-size:18px;
    border-bottom:10px double #F0F;
}
.b1 {
    border:15px solid blue;
}
.b2 {
    border-top:5px ridge #FFFF00;
    border-right:10px double red;
    border-bottom:5px dotted #800000;
    border-left:10px solid green;
}
-->
</style>
</head>
<body>
<center>
  <h2>设置边框属性</h2>
  <p class="b2">该段文字的上、右、下、左边框分别应用边框属性设置了不同的宽度、样式和颜色。</p>
  <img class="b1" src="images/18-3-1.jpg"/>
</center>
```

```
</body>
</html>
```

网页效果（图 18-3）

图 18-3　设置边框属性

18.3.1　边框样式——border-style

在 CSS 中，也提供单独设置边框样式（线型）的属性，一共也包括五个，分别是：border-style、border-top-style、border-bottom-style、border-left-style、border-right-style。其中 border-style 可以同时设置四边样式（线型），其他的只能设置一边的样式（线型），如：border-top-style 只能设置上边框样式（线型）。

基本语法

```
border-style：样式取值
border-top-style：样式取值
border-bottom-style：样式取值
border-left-style：样式取值
border-right-style：样式取值
```

语法说明

边框样式属性基本语法中的样式取值见表 18-1。

表 18-1　　　　　　　　　　　　　　边框样式属性取值说明

样式的取值	说明
none	不显示边框，为默认值
dotted	点线
dashed	虚线，也可成为短线
solid	实线
double	双直线
groove	凹型线
ridge	凸型线
inset	嵌入式
outset	嵌出式

实例代码（源代码位置：源代码\example\18\18-3-1-1.html）

```
<!--实例 18-3-1-1.html 代码-->
<html>
<head>
<title>设置边框样式</title>
<style type="text/css">
<!--
h2 {
    font-family:黑体;
    font-size:18px;
    border-style:double;
}
.p1 {
    font-family:隶书;
    font-size:16px;
    border-top-style:dotted;
    border-bottom-style:dotted;
    border-left-style:solid;
    border-right-style:solid;
}
-->
</style>
</head>
<body>
<center>
    <h2>设置边框样式</h2>
</center>
<hr/>
这段文字没有应用边框样式。
<p class="p1">这段文字应用了边框样式属性，设置上下边框为点线，左右边框为实线。</p>
</body>
</html>
```

网页效果（图 18-4）

实例代码（源代码位置：源代码\example\18\18-3-1-2.html）

```
<!--实例 18-3-1-2.html 代码-->
<html>
  <head>
  <title>设置边框样式</title>
  <style type="text/css">
<!--
h2 {
    font-family:黑体;
    font-size:18px;
}
.p1 {
    font-family:隶书;
    font-size:17px;
    border-style:dotted solid double;
}
-->
</style>
  </head>
  <body>
  <center>
    <h2>应用边框样式的复合属性 border-style</h2>
  </center>
    <hr/>
这段文字没有应用边框样式。
<p class="p1">这段文字应用了边框样式的复合属性，设置上边框为点线，左右边框为实线，下边框为双直线。</p>
</body>
</html>
```

网页效果（图 18-5）

图 18-4　设置边框样式　　　　　　图 18-5　复合属性设置边框样式

提示：对比图 18-4 和图 18-5 这两个例子，得出一个结论：如果需要设置四条边框的样式，使用边框复合属性样式 border-style 会比使用单个边框的样式属性方便一些。但是如果只是想设置单条边框的样式，就必须选用其相应的边框样式属性了。这个结论也适合于后面讲到的边框宽度属性和颜色属性。

18.3.2　边框颜色——border-color

在 CSS 中，也提供了单独设置边框颜色的样式，和前面介绍的边框样式一样，一共五个颜色样式属性，其中一个边框颜色复合属性 border-color 和四个单一边框颜色属性。

基本语法

```
border-color:颜色关键字|RGB 值
border-top-color:颜色关键字|RGB 值
border-bottom-color:颜色关键字|RGB 值
border-left-color:颜色关键字|RGB 值
border-right-color:颜色关键字|RGB 值
```

语法说明

颜色关键字可使用常用的 16 个关键字，具体见表 18-2。

表 18-2　　　　　　　　　　常用的 16 个颜色关键字

关键字	十六进制的 RGB 值	说明
aqua	#00FFFF	水绿色
black	#000000	黑色
blue	#0000FF	蓝色
fuchsia	#FF00FF	紫红色
gray	#808080	灰色
green	#008000	绿色
lime	#00FF00	酸橙色
maroon	#800000	栗色
navy	#000080	海军蓝
olive	#808000	橄榄色
purple	#800080	紫色
red	#FF0000	红色
silver	#C0C0C0	银色
teal	#008080	水鸭色
white	#FFFFFF	白色
yellow	#FFFF00	黄色

实例代码（源代码位置：源代码\example\18\18-3-2.html）

```
<!--实例18-3-2代码-->
<html>
<head>
<title>设置边框颜色</title>
<style type="text/css">
<!--
h2 {
    font-family:黑体;
    font-size:18px;
    border-bottom-style:dotted;
    border-bottom-color:#000080;
}
p {
    font-family:隶书;
    font-size:15px;
    border-style:dotted solid double solid;
    border-color:aqua red blue yellow;
}
-->
</style>
<meta http-equiv="Content-Type" content="text/html; charset=utf-8">
</head>
<body>
<center>
  <h2>设置边框颜色</h2>
</center>
<hr/>
<p>应用边框样式复合属性定义边框的上、右、下、左分别为点线、实线、双直线、实线。</p>
<p>应用边框颜色复合属性定义边框的上、右、下、左分别为水绿色、红色、蓝色、黄色。</p>
</body>
</html>
```

网页效果（图 18-6）

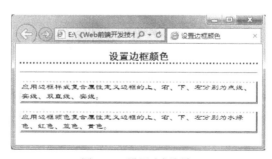

图 18-6　设置边框颜色

18.3.3　边框宽度——border-width

在 CSS 中，单独边框的宽度样式属性一共有五个，分别是：上边框宽度属性 border-top-width、下边框宽度属性 border-bottom-width、左边框宽度属性 border-left-width、右边框宽度属性 border-right-width 和边框宽度属性 border-width。其中边框宽度属性 border-width 是一个复合属性。

基本语法

```
border-width: 关键字|长度
border-top-width: 关键字|长度
border-bottom-width: 关键字|长度
border-right-width: 关键字|长度
border-left-width: 关键字|长度
```

语法说明

边框宽度属性基本语法中的关键字说明见表 18-3。

表 18-3　　　　　　　　　　　　边框宽度属性中关键字说明

关键字	说明
thin	细边框
medium	中等边框，是默认值
thick	粗边框

- 长度包括长度值和长度单位，不可以使用负数。
- 基本语法中边框宽度属性 border-width 是一个复合属性，可以同时设置四条边框的宽度。

实例代码（源代码位置：源代码\example\18\18-3-3.html）

```
<!--实例 18-3-3.html 代码-->
<html>
<head>
<title>设置边框宽度</title>
<style type="text/css">
<!--
h2 {
    font-family:黑体;
    font-size:18px;
    border-bottom-style:dotted;
    border-bottom-width:thick;
}
.p1 {
    font-family:隶书;
    font-size:15px;
    border-style:dotted solid double;
}
.p2 {
    border-style:dotted solid double;
    border-width:5px 10px 15px 20px;
}
-->
</style>
</head>
<body>
<center>
  <h2>设置边框宽度</h2>
</center>
<hr/>
<p class="p1">这段文字的上边框为点线，左右边框为实线，下边框为双直线。</p>
<p class="p2">边框样式和上一段文字的一样，只是该段文字应用边框宽度属性设置了上、右、下、左的宽度
分别为 5 像素、10 像素、15 像素和 20 像素。</p>
</body>
</html>
```

网页效果（图 18-7）

图 18-7　设置边框宽度

提示：在设置边框宽度和边框颜色时，一定要先设置好边框的样式。如果不设置边框的样式，浏览器默认的边框样式属性值为 none(不显示边框)，所以在没有设置边框样式前，您所设置的边框宽度和边框颜色是看不到效果的。

18.4　CSS 外边距——margin

margin(外边距)，用来设置某个元素的四边和其他元素之间的空白距离，也有 5 个属性，分别为：上边距属性 margin-top、下边距属性 margin-bottom、左边距属性 margin-left、右边距属性 margin-right 和复合边距属性 margin。

基本语法

```
margin-top:长度|百分比|auto
margin-bottom:长度|百分比|auto
margin-left:长度|百分比|auto
margin-right:长度|百分比|auto
margin:长度|百分比|auto
```

语法说明

- 长度：包括长度值和长度单位，可以是正整数或负整数。
- 百分比：是相对于上级元素宽度的百分比，允许使用负数。
- auto：默认值，自动提取边距值。
- margin：复合属性，可以同时设置上、右、下、左四个边距。

实例代码（源代码位置：源代码\example\18\18-4.html）

```
<!--实例18-4.html代码-->
<html>
    <head>
    <title>设置边距属性</title>
    <style type="text/css">
<!--
h2 {
    font-family:黑体;
    font-size:18px;
    margin-top:45px;
}
.m1 {
    margin-top:25px;
    margin-right:30px;
```

```
        margin-bottom:25pt;
        margin-left:30px;
      }
      -->
    </style>
      </head>
      <body>
  <h2>设置边框属性</h2>
      <p class="m1">该段文字各边应用了边距属性，分别设置上下边距为 25 点，左右边距为 30 像素，标题则只是
利用上边距属性，设置了标题是上边距为 45 像素。</p>
      </body>
      </html>
```

网页效果（图 18-8）

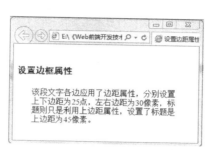

图 18-8　设置边距属性

18.5　盒子模型显示——display

display 属性规定元素应该生成的框的类型。

基本语法

```
display: 属性值;
```

语法说明

- display：可以设置块元素和行元素的属性，默认为行元素。
- 属性值关键字可使用的有 19 个关键字，具体见表 18-4。

表 18-4　　　　　　　　　　常用的 19 个 display 属性值关键字

属性值	属性说明
none	此元素不会被显示。
block	此元素将显示为块级元素，元素前后会带有换行符。
inline	默认。此元素会被显示为内联元素，元素前后没有换行符。
inline-block	行内块元素。（CSS2.1 新增的值）
list-item	此元素会作为列表显示。
run-in	此元素会根据上下文作为块级元素或内联元素显示。
compact	CSS 中有值 compact，不过由于缺乏广泛支持，已经从 CSS2.1 中删除。

属性值	属性说明
marker	CSS 中有值 marker，不过由于缺乏广泛支持，已经从 CSS2.1 中删除。
table	此元素会作为块级表格来显示（类似 \<table\>），表格前后带有换行符。
inline-table	此元素会作为内联表格来显示（类似 \<table\>），表格前后没有换行符。
table-row-group	此元素会作为一个或多个行的分组来显示（类似 \<tbody\>）。
table-header-group	此元素会作为一个或多个行的分组来显示（类似 \<thead\>）。
table-footer-group	此元素会作为一个或多个行的分组来显示（类似 \<tfoot\>）。
table-row	此元素会作为一个表格行显示（类似 \<tr\>）。
table-column-group	此元素会作为一个或多个列的分组来显示（类似 \<colgroup\>）。
table-column	此元素会作为一个单元格列显示（类似 \<col\>）。
table-cell	此元素会作为一个表格单元格显示（类似 \<td\> 和 \<th\>）。
table-caption	此元素会作为一个表格标题显示（类似 \<caption\>）。
inherit	规定应该从父元素继承 display 属性的值。

实例代码（源代码位置：源代码\example\18\18-5.html）

```
<!--实例 18-5.html 代码-->
<html>
<head>
<meta http-equiv="Content-Type" content="text/html; charset=utf-8" />
<title>设置 display 属性</title>
<style>
p.style1 {
    display:inline;
    border:5px inset red;
}
p.style2 {
    display: block;
    border:thick inset blue;
}
</style>
</head>
<body>
<p align="center">display 属性</p>
<p class="style1">这个盒子是红色边框行元素。</p>
<p class="style2">这个盒子是蓝色边框块元素。</p>
</body>
</html>
```

网页效果（图 18-9）

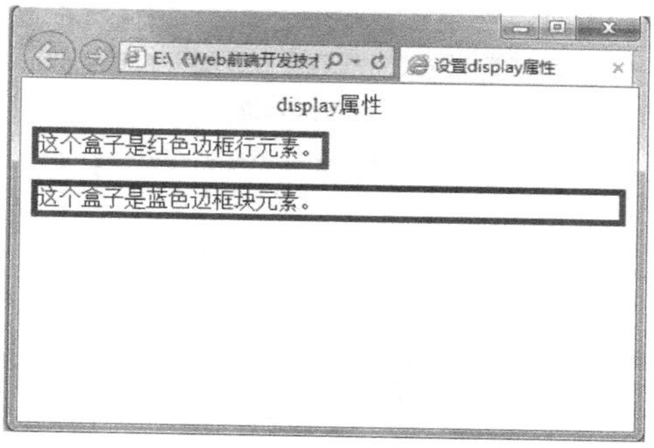

图 18-9　设置边距属性

18.6　小实例——盒子模型的综合应用

实例代码（源代码位置：源代码\example\18\18-6.html）

```
<!--实例 18-6.html 代码-->
<html>
<head>
<title>综合设置边框和边距</title>
<style type="text/css">
<!--
h2 {
    font-family:黑体;
    font-size:18px;
    border-bottom:10px dotted #FF00FF;
}
.b1 {
    margin:10px;
    border:5px groove red;
    padding:20px;
}
.b2 {
    margin-left:25px;
    border:5px dotted green;
}
-->
</style>
</head>
<body>
<center>
   <h2>综合设置边框和边距</h2>
</center>
<pclass="b1">登金陵凤凰台<imgclass="b2"src="images/18-6-1.jpg"/><br/>
   凤凰台上凤凰游，凤去台空江自流。<br/>
   吴宫花草埋幽径，晋代衣冠成古丘。<br/>
   三山半落青天外，二永中分白鹭洲。<br/>
   总为浮云能蔽日，长安不见使人愁。<br/>
   <br/>
</p>
</body>
</html>
```

网页效果（图 18-10）

图 18-10　综合设置边框和边距

18.7　知识点提炼

本章我们学习了 CSS 的盒子模型，包括：内边距 padding、外边距 margin、边框 border、显示 display 等。可以利用 display 属性值 inline 和 block 进行行元素与块元素的互转。大部分的标签默认都是行元素，标签<div>默认的 display 属性为块元素。

18.8　思考与练习

1. 选择题

（1）CSS 盒子模型包括哪些属性（　　　）。

    A．padding　　　　　　　　　　B．border

    C．margin　　　　　　　　　　　D．content

（2）设置外边距 margin 的代码不正确的是（　　　）。

    A．margin 0　　　　　　　　　　B．margin 0 auto

    C．margin 10　　　　　　　　　　D．margin 10px

（3）下面哪些是边框样式属性（　　　）。

    A．border-color　　　　　　　　B．border-image

    C．border-width　　　　　　　　D．border-height

（4）border 边框样式属性包括哪些？（　　　）

    A．边框颜色　　　　　　　　　　B．边框样式（线型）

    C．边框宽度（粗细）　　　　　　D．边框高度

（5）下面哪些是 display 属性值（　　　）。

    A．block　　　　　　　　　　　B．inline

    C．no　　　　　　　　　　　　D．none

（6）标签<div>默认为块元素，转为行元素 display 属性值是（　　　）。

    A．block　　　　　　　　　　　B．inline

C.　line　　　　　　　　　　D.　none

2．**简答题**

（1）请简述什么是 CSS 盒子模型？

（2）请列举出与 CSS 盒子模型的有关属性。

18.9　上机实例练习——利用盒子模型制作照片边框效果

第**19**章
DIV+CSS 页面布局

DIV+CSS 布局是目前最流行的网页布局方式。熟悉 DIV+CSS 布局是前端设计的基础，DIV+CSS 布局既是学习的难点，也是学习的重点。

学习目标

- 熟悉层 div 的基本语法
- 熟悉 div+css 布局方法

19.1　层的创建<div>

图层是网页布局的重要技术，图层布局比表格更加灵活，但图层一般要通过 CSS 来控制发挥其作用。图层里面可以任意包括其他 HTML 标签或网页元素。一个网页文件可以包含多个图层，图层还可以灵活地嵌套使用。在网页制作中，使用层可以将网页中的任何元素布局到网页的任意位置，同时可以以任何的方式重叠。

基本语法

```
<body>
<div></div>
</body>
```

语法说明

在进行层定义时，需要将层的样式同时定义，否则在网页中不会显示出任何效果来。

实例代码（源代码位置：源代码\example\19\19-1.html）

```
<!--实例19-1.html代码-->
<html>
<head>
<metahttp-equiv="Content-Type" content="text/html; charset=gb2312" />
<title>创建图层</title>
<style type="text/css">
div{text-align:center;color:#FFF; font-size:20px;
background-color:#900;width:400px; height:200px;}
</style>
</head>
<body>
<div> 欢迎学习层的运用。</div>
</body>
</html>
```

网页效果（图 19-1）

图 19-1　层的运用

19.2　创建嵌套层

利用表格布局网页时，经常会用到表格嵌套，其实图层也可以实现嵌套的功能。图层的嵌套比表格简单，只需要一个图层里面包含另一图层即可实现。

基本语法

```
<body>
  <div><div></div></div>
</body>
```

语法说明

图层的嵌套只要在一个图层<div></div>插入另一个图层<div></div>,再给每个图层设置相应 CSS 样式。

实例代码（源代码位置：源代码\example\19\19-2.html）

```
<!--实例 19-2.html 代码-->
<html>
<head>
<metahttp-equiv="Content-Type" content="text/html; charset=gb2312" />
<title>创建嵌套图层</title>
<style type="text/css">
#Parent{position:absolute;left:50px;top:80px;width:200px;height:150px;background:#F00;}
#Nested{position:absolute;  left:20px;  top:30px;  width:150px;  height:100px;
background:#0F0;}
</style>
</head>
<body>
<div id="Parent">父图层
  <div id="Nested">子图层 </div>
</div>
</body>
</html>
```

网页效果（图 19-2）

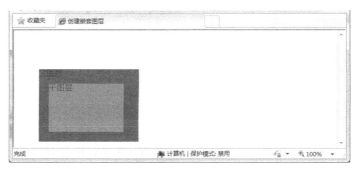

图 19-2 层的嵌套

19.3 层的常见属性

通过前面的学习，大家知道图层 div 一般要配合 CSS 样式来使用，接下来再看看还有哪些图层 div 属性，常见属性如表 19-1 所示。

表 19-1　　　　　　　　　　　　　　图层定义常见属性

属性		说明
id		层的名称
style	position	设置定位方式
	width	设置图层宽度
	height	设置图层高度
	left	设置图层左边距
	top	设置图层顶上边距
	background	设置图层背景

基本语法

```
<body>
 <div id="modal" style="position:定位方式; width:数值;
 height:数值; left:数值; top:数值; background:颜色或图片;">
  </div>
</body>
```

语法说明

- id：每个 div 都可以有个 id 属性，也可以没有。
- position：这个属性一般都必须有，如果没有表示 static 定位方式。
- 其他属性不属于必须的，根据实际需要来定义。

实例代码（代码位置：源代码\example\19\19-3.html）

```
<!--实例19-3.html 代码-->
<html>
<head>
<meta http-equiv="Content-Type" content="text/html;
```

```
charset=gb2312" />
<title>层的属性设置</title>
</head>
<body>
<div id="modal" style="position:relative; width:400px;
height:260px; left:100px; top:30px;
background:url(images/flower1.jpg)">
    欢迎学习层的属性设置</div>
</body>
</html>
```

网页效果（图 19-3）

图 19-3　层的属性设置

19.4　CSS 定位

19.4.1　定位方式——position

position 是 CSS 中一种定位方式，有四个属性值。它们分别是：静态定位、相对定位、绝对定位、固定定位。

基本语法

```
position: static|relative|absolute|fixed
```

语法说明

每一个 div 都有 position 属性，属性值说明见表 19-2 所示。

表 19-2　　　　　　　　　　　　　　position 常见属性值

属性	说明
static	静态定位，默认值。位置始终会处于页面流给予的位置（忽略任何 top、bottom、left 或 right 声明）。
relative	相对定位，位置被设置为 relative 的元素，可将其移至相对于其正常位置的地方。
absolute	绝对定位，生成绝对定位的元素，相对于 static 定位以外的第一个父元素进行定位。元素的位置通过 left、top、right 以及 bottom 属性进行规定。
fixed	固定定位，生成固定定位的元素，相对于浏览器窗口进行定位。此元素的位置可通过 left、top、right 以及 bottom 属性来规定。不论窗口滚动与否，元素都会留在那个位置。

实例代码（源代码位置：源代码\example\19\19-4-1.html）

```
<!--实例 19-4-1.html 代码-->
<html>
<head>
<meta http-equiv="Content-Type" content="text/html;
 charset=gb2312" />
<title>定位 position</title>
<style type="text/css">
body{font-size:30px}
#apDiv1 {
    position:static;
    width: 200px;
    height: 115px;
    background:#090;
    }
#apDiv2 {
    position:relative;
    left:50px;
    top:100px;
    width: 200px;
    height: 115px;
    background:#03F;
    }
#apDiv3 {
    position: absolute;
    left:100px;
    top:150px;
    width: 200px;
    height: 115px;
    background:#F00;
    }
</style>
</head>
<body>
<div id="apDiv1">apDiv1 green static</div>
<div id="apDiv2">apDiv2 blue relative</div>
<div id="apDiv3">apDiv3 red absolute</div>
</body>
</html>
```

网页效果（图 19-4）

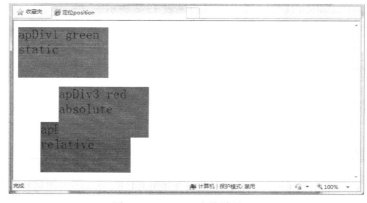

图 19-4　position 定位效果图

19.4.2　堆叠顺序——z-index

z-index 属性设置元素的堆叠顺序。拥有更高堆叠顺序的元素总是会处于堆叠顺序较低的元素前面。

基本语法

```
z-index:auto|number
```

语法说明

- auto：默认值。
- number：无单位的整数值，可为负数。
- z-index：值较大的元素会在 z-index 值较小的元素前面。

实例代码（源代码位置：源代码\example\19\19-4-2.html）

```html
<!--实例 19-4-2, html 代码-->
<html>
<head>
<meta http-equiv="Content-Type" content="text/html; charset=gb2312" />
<title>z-index 的运用</title>
<style type="text/css">
    .div1{position: absolute;top: 100px; left: 210px; width: 200px; height: 200px;
background-color: yellow; z-index: 20;}
    .div2{position: absolute; top: 50px; left: 160px; width: 200px; height: 200px;
background-color: green; z-index: 10;}
</style>
</head>
<body>
<div class="div1"> 这个 box 的 z-index:20 </div>
<div class="div2"> 这个 box 的 z-index:10 </div>
</body>
</html>
```

网页效果（图 19-5）

图 19-5　z-index 运用

19.4.3　CSS 浮动——float

在 CSS 中，任何元素都可以浮动，浮动元素会生成一个块级框，而不论它本身是何种元素。float 属性定义元素在哪个方向浮动。以往这个属性总应用于图像，使文本围绕在图像周围。

基本语法

```
float:left| right| none| inherit
```

语法说明

- left：元素向左浮动。
- right：元素向右浮动。
- none：默认值。元素不浮动，并会显示在其在文本中出现的位置。
- inherit：规定应该从父元素继承 float 属性的值。

实例代码（源代码位置：源代码\example\19\19-4-3.html）

```
<!--实例19-4-3.html代码-->
<html>
<head>
<metahttp-equiv="Content-Type" content="text/html; charset=gb2312" />
<title>float 的使用</title>
<style type="text/css">
.div1{padding:10px;border:1px solid #F00;}
.div2{float:left;width:150px;height:50px;border:1px solid #00F;}
.div3{float:right;width:150px;height:50px;border:1px solid #00F;}
</style>
</head>
<body>
<div class="div1">
  <div class="div2">布局靠左浮动</div>
  <div class="div3">布局靠右浮动</div>
</div>
</body>
</html>
```

网页效果（图 19-6）

图 19-6　float 浮动效果图

19.4.4　浮动清除——clear

使用了 float 后对其他元素会产生影响。如果要消除这个影响，这个时候就需要清理清除浮动，用 clear 样式属性即可实现。

基本语法

```
clear:both|left|right|none;
```

语法说明

- none：允许两边都可以有浮动对象。

- both：不允许有浮动对象。
- left：不允许左边有浮动对象。
- right：不允许右边有浮动对象。

实例代码（源代码位置：源代码\example\19\19-4-4.html）

```
<!--实例19-4-4.html 代码-->
<html>
<head>
<metahttp-equiv="Content-Type" content="text/html; charset=gb2312" />
<title>clear 的使用</title>
<style type="text/css">
.div1{padding:10px;border:1px solid #F00;}
.div2{float:left;width:150px;height:50px;border:1px solid #00F;}
.div3{float:right;width:150px;height:50px;border:1px solid #00F;}
</style>
</head>
<body>
<div class="div1">
  <div class="div2">布局靠左浮动</div>
  <div class="div3">布局靠右浮动</div>
  <div style="clear:both"></div>
</div>
</body>
</html>
```

网页效果（图 19-7）

图 19-7　clear 的使用

19.4.5　溢出设置——overflow

overflow 属性规定如何处理溢出元素框的内容。

基本语法

```
overflow: visible|hidden|scroll|auto|inherit
```

语法说明

- visible：默认值。内容不会被修剪，会呈现在元素框之外。
- hidden：内容会被修剪，但是浏览器不会显示供查看内容的滚动条。
- scroll：内容会被修剪，但是浏览器会显示滚动条，以便查看其余的内容。
- auto：由浏览器决定如何显示。如果需要则显示滚动条。
- inherit：规定应该从父元素继承 overflow 属性的值。

实例代码（源代码位置：源代码\example\19\19-4-5.html）

```
<!--实例19-4-5.html代码-->
<html>
<head>
<meta http-equiv="Content-Type" content="text/html; charset=utf-8" />
<title>overflow的使用</title>
</head>
<body>
<divstyle="overflow:scroll; width:200px;height:150px; background:#CCCCCC;"> Web的本
意是蜘蛛网和网的意思，在网页设计中我们称为网页的意思。现广泛译作网络、互联网等技术领域。表现为三种形式，
即：超文本（hypertext）、超媒体（hypermedia）、超文本传输协议（HTTP）。</div>
</body>
</html>
```

网页效果（图 19-8）

图 19-8   overflow 的使用

19.4.6   可见设置——visibility

visibility 属性设置元素是否可见。

基本语法

```
visibility: visible|hidden|collapse|inherit
```

语法说明

● visible：默认值。元素是可见的。

● hidden：元素框不可见，但仍影响布局。

● collapse：当在表格元素中使用时，此值可删除一行或一列，但是它不会影响表格的布局。
被行或列占据的空间会留给其他内容使用。如果此值被用在其他的元素上，会呈现为 "hidden"。

● Inherit：规定应该从父元素继承 visibility 属性的值。

实例代码（源代码位置：源代码\example\19\19-4-6.html）

```
<!--实例19-4-6.html代码-->
<html>
<head>
<metahttp-equiv="Content-Type" content="text/html; charset=gb2312" />
<title>visibility的使用</title>
</head>
<body>
<div style="visibility:hidden;">这里的内容是不可见的</div>
<div style="visibility:visible;">这里的内容是可见的</div>
</body>
</html>
```

网页效果（图 19-9）

图 19-9　visibility 的使用

19.5　页面内容样式设计

19.5.1　垂直导航菜单

实例代码（源代码位置：源代码\example\19\19-5-1.html）

```html
<!--实例 19-5-1.html 代码-->
<html>
<head>
<meta http-equiv="Content-Type" content="text/html; charset=utf-8" />
<title>垂直导航菜单</title>
<style type="text/css">
ul{ list-style:none;}
li{width:100px;font-size:18px;background:#903;color:#FFF;font-weight:bold;padding:
10px; border:#CCC 1px solid;}
</style>
</head>
<body>
<div id="apDiv1">
<ul>
<li>关于我们</li>
<li>新闻资讯</li>
<li>成功案例</li>
<li>联系我们</li>
</ul>
</div>
</body>
</html>
```

网页效果（图 19-10）

图 19-10　垂直导航菜单案例

19.5.2　水平导航菜单

实例代码（源代码位置：源代码\example\19\19-5-2.html）

```
<!--实例 19-5-2.html 代码-->
<html>
<head>
<meta http-equiv="Content-Type" content="text/html; charset=utf-8" />
<title>水平导航菜单</title>
<style type="text/css">
ul{ list-style-type:none}
li{ font-size:18px; font-weight:bold; background:#006;color:#FFF; padding:8px 15px;
border-right:#CCC 2px dashed; float:left;}
</style>
</head>
<body>
<div
<ul>
<li>公司简介</li>
<li>新闻中心</li>
<li>成功案例</li>
<li>联系我们</li>
</ul>
</div>
</body>
</html>
```

网页效果（图 19-11）

图 19-11　水平导航菜单案例

19.5.3　新闻列表

实例代码（源代码位置：源代码\example\19\19-5-3.html）

```
<!--实例 19-5-3.html 代码-->
<html>
<head>
<meta http-equiv="Content-Type" content="text/html; charset=utf-8" />
<title>新闻列表</title>
<style type="text/css">
ul{ list-style:url(images/list.png)}
li{ width:420px; line-height:28px; font-size:14px;}
.fl{ float:left}
.fr{ float:right; color:#666}
</style>
</head>
<body>
<div>
```

```
<ul>
   <li><span class="fl"><a href="#">拉维奇为阿根廷进球啦! 中超大将再闪耀美洲杯</a></span><span
class="fr">2016-07-09</span></li>
   <li><span class="fl"><a href="#">扒一扒|詹皇季后赛 8 大战役:东决踏平波士顿!</a></span><span
class="fr">2016-07-08</span></li>
   <li><span class="fl"><a href="#">郎平: 魏秋月还需考察两点 龚翔宇两方面有欠缺</a></span>
<span class="fr">2016-07-07</span></li>
   <li><span class="fl"><a href="#">刘国梁会诊男队:马龙状态稳定 张继科需拉开积分</a></span>
<span class="fr">2016-07-06</span></li>
   <li><span class="fl"><a href="#">科贝尔直言与彭帅对决不易 雨后移动更加小心</a></span><span
class="fr">2016-07-05</span></li>
   </ul>
   </div>
   </body>
   </html>
```

网页效果（图 19-12）

图 19-12　新闻列表

19.5.4　图文混排

实例代码（源代码位置：源代码\example\19\19-5-4.html）

```
<!--实例 19-5-4.html 代码-->
<html>
<head>
<meta http-equiv="Content-Type" content="text/html; charset=utf-8" />
<title>图文混排</title>
<style type="text/css">
#box{  width:460px;  height:220px;  border:1px  #990000  dashed;  background:#FFF;
line-height:1.5; padding:20px; }
   .p1{ float:left; margin-right:20px;}
</style>
</head>
<body>
<div id="box">
   <img class="p1" src="images/flower2.jpg" width="200" height="125" /> Web 的本意是蜘
蛛网和网，在网页设计中称为网页。现广泛指网络、互联网等技术领域，表现为三种形式，即：超文本（hypertext）、
超媒体（hypermedia）、超文本传输协议（HTTP）。Web 技术指的是开发互联网应用的技术总称，一般包括 Web 客户
端技术和 Web 服务器端技术。</div>
   </div>
   </body>
   </html>
```

网页效果（图 19-13）

图 19-13　图文混排

19.6　小实验——DIV+CSS 页面布局

实例代码（源代码位置：源代码\example\19\19-6.html）

```
<!--实例19-6.html 代码-->
<html>
<head>
<meta http-equiv="Content-Type" content="text/html; charset=utf-8" />
<title>div+css 布局案例</title>
<link href="css/style.css" rel="stylesheet" type="text/css">
</head>
<body>
<div id="top">
<div id="logo"><img src="images/logo.png" width="294" height="130" /></div>
</div>
<div id="menu">
<ul>
<li>关于我们</li>
<li>新闻资讯</li>
<li>服务范围</li>
<li>产品中心</li>
<li>合作伙伴</li>
<li>加盟中心</li>
<li>加入我们</li>
<li>联系我们</li>
</ul>
</div>
<div id="m1">
<div id="m1-left">
  <embed src="video/htys.mkv" width="400" height="260"></embed>
</div>
<div id="m1-right">
    <img class="p1" src="images/2.jpg" width="200" height="125" /> Web 的本意是蜘蛛网和网，
在网页设计中称为网页。现广泛指网络、互联网等技术领域，表现为 3 种形式，即超文本（hypertext）、超媒体
```

（hypermedia）、超文本传输协议（HTTP）。Web 技术指的是开发互联网应用的技术总称，一般包括 Web 客户端技术和 Web 服务器端技术。</div>

```
        </div>
        <div id="m2">
        <div id="m2-left">
        <ul>
        <li><span><a href="#">阿根廷进球啦！中超大将再闪耀美洲杯</a></span><span class="fr">
2016-07-09</span></li>
        <li><span><a href="#">詹皇季后赛 8 大战役：东决踏平波士顿！</a></span><span class="fr">
2016-07-08</span></li>
        <li><span><a href="#">魏秋月还需考察两点 龚翔宇两方面有欠缺</a></span><span class="fr">
2016-07-07</span></li>
        <li><span><a href="#">会诊男队:马龙状态稳定 张继科需拉开积分</a></span><span class="fr">
2016-07-06</span></li>
        <li><span><a href="#">直言与彭帅对决不易 雨后移动更加小心</a></span><span class="fr">
2016-07-05</span></li>
        </ul>
        </div>
        <div id="m2-right">
        <ul>
        <li><span><a href="#">阿根廷进球啦！中超大将再闪耀美洲杯</a></span><span class="fr">
2016-07-09</span></li>
        <li><span><a href="#">詹皇季后赛 8 大战役：东决踏平波士顿！</a></span><span class="fr">
2016-07-08</span></li>
        <li><span><a href="#">魏秋月还需考察两点 龚翔宇两方面有欠缺</a></span><span class="fr">
2016-07-07</span></li>
        <li><span><a href="#">会诊男队:马龙状态稳定 张继科需拉开积分</a></span><span class="fr">
2016-07-06</span></li>
        <li><span><a href="#">直言与彭帅对决不易 雨后移动更加小心</a></span><span class="fr">
2016-07-05</span></li>
        </ul>
        </div>
        </div>
        <div id="foot">Copyright©2006-2012 北京某某互联科技有限公司．All Rights Reserved 赣 ICP
备 10005041 号</div>
        </body>
        </html>
```

CSS 样式文件：example\19\images\style.css

```
        @charset "utf-8";
        /* CSS Document */
        body{background:url(../images/bg1.gif);color:#666;    font-family:Verdana,    Geneva,
sans-serif}
        a{ text-decoration:none; color:#666;}
        a:hover{ color:#F30}
        div,ul,li{ margin:0}
        #top{width:900px;height:195px; background:url(../images/topbj.jpg); margin:0 auto}
        #logo{ width:294px; height:130px; position:relative; left:30px; top:30px;}
        #menu{ width:900px; height:40px; background:#60F; margin:0 auto;}
        #menu ul{ list-style:none}
        #menu ul li{ background:#60F; font-size:16px; font-weight:bold; color:#FFF;padding:
0px15px;line-height:40px;float:left; border-right:#CCC 1px dashed;}
```

```
#m1{ width:900px; height:260px; margin:0 auto; border-bottom:#999 1px dashed}
#m1-left{ width:400px; height:260px;float:left}
#m1-right{ width:460px; height:220px; background:#FFF; float:right; line-height:1.5;
padding:20px; }
.p1{ float:left; margin-right:20px;}
#m2{ width:900px; height:170px;margin:0 auto;}
#m2-left{    width:434px;padding:15px    15px    15px    0;border-right:#CCC    1px
dashed;background:#FFF; float:left}
#m2-left ul{ list-style:url(../images/list.png)}
#m2-left ul li{line-height:28px; font-size:14px;}
#m2-right{width:434px;padding:15px 15px 15px 0;background:#FFF; float:right}
#m2-right ul{ list-style:url(../images/list.png)}
#m2-right ul li{line-height:28px; font-size:14px;}
.fr{ float:right; color:#666}
#foot{width:900px;height:60px;background:#60F;margin:0auto; color:#FFF; padding:30px
0px; text-align:center;}
```

网页效果（图 19-14）

图 19-14　DIV+CSS 布局案例

19.7　知识点提炼

本章重点介绍 DIV+CSS 页面布局。层 div 的创建、层的嵌套、层的常见属性。div+css 定位属性，包括：position、z-index、float、clear、overflow、visibility 等。接下来介绍几个小案例，包括：垂直导航菜单、水平导航菜单、新闻列表、图文混排等。最后小实验介绍一个完整 DIV+CSS 案例。

19.8　思考与练习

1. 选择题

（1）div+css 布局常用到的属性是（　　　）。

A. position　　　　　B. float　　　　　C. div　　　　　D. clear

（2）position 属性值有（　　　）。

A. static　　　　　B. relative　　　　　C. absolute　　　　　D. fixed

（3）浮动 float 属性值有（　　　）。

A. left　　　　　B. right　　　　　C. inherit　　　　　D. both

（4）clear 属性值有（　　　）。

A. left　　　　　B. right　　　　　C. inherit　　　　　D. both

（5）overflow 属性值有（　　　）。

A. visible　　　　　B. hidden　　　　　C. scroll　　　　　D. auto

（6）利用 visibility 设置元素不可见的属性值（　　　）。

A. visible　　　　　B. hidden　　　　　C. collapse　　　　　D. inherit

2. 简答题

（1）请简单描述 DIV 与 CSS 的关系。

（2）请列举说明 position 属性值。

19.9　上机实例练习——利用 DIV+CSS 布局一个网页

高级篇

第20章
JavaScript 概述

JavaScript 是 Web 开发重要技术之一，具有不可替代的作用，主要完成与客户端交互，与服务器端交流。

学习目标

● 了解 JavaScript 作用

● 熟悉 JavaScript 特点

● 熟悉 JavaScript 基本使用方法

20.1　JavaScript 语言概况

前面学习了 HTML 和 CSS：HTML 注重内容组织（结构）、CSS 控制元素显示效果（表现）。JavaScript 实现交互（行为），也就是我们前面章节介绍过的 Web 标准结构。接下来我们开始 JavaScript 的学习。

JavaScript 是一种基于对象(Object)和事件驱动(Event Driven)并具有安全性能的脚本语言。使用它的目的是与 HTML 超文本标签语言、Java 脚本语言（Java 小程序）一起实现在一个 Web 页面中链接多个对象，与 Web 客户交互作用，从而可以开发客户端的应用程序等。它是通过嵌入或调入在标准的 HTML 语言中实现的。

由 Netscape 公司开发的 JavaScript 是一种网页的脚本编程语言，同时也是一种基于对象又可以被看成是面向对象的一种编程语言。它支持客户端与服务器端的应用程序以及构建的开发。JavaScript 也是一种解释性的语言。它的基本结构形式与其他编程语言相似，如：C 语言、VB 等，但又不像 C 语言或者 VB 需要先编译后执行。

20.2　JavaScript 的特点

1. 脚本编程语言

JavaScript 是一种脚本语言，它采用小段程序的方式实现编程。像其他脚本语言一样，JavaScript 同样也是一种解释性语言，它提供了一个相对容易的开发过程。

它的基本结构形式与 C、C++、VB、Delphi 十分类似。但它不像这些语言一样需要先编译，而是在程序运行过程中被逐行地解释。它与 HTML 标识结合在一起，从而方便用户的使用操作。

2. 基于对象的语言

JavaScript 是一种基于对象的语言，同时也可以看作是一种面向对象的语言。这意味着它能运用自己已经创建的对象。因此，许多功能可以来自于脚本环境中对象的方法与脚本的相互作用。

3. 简单易用

JavaScript 的简单性主要体现在：首先它是一种基于 Java 基本语句和控制流之上的简单而紧凑的设计，从而对于学习 Java 是一种非常好的过渡；其次它的变量类型是采用弱类型，并未使用严格的数据类型。

4. 安全可靠

JavaScript 是一种安全性语言：它不允许访问本地的硬盘，不能将数据存入到服务器上，不允许对网络文档进行修改和删除，只能通过浏览器实现信息浏览或动态交互，从而有效地防止数据的丢失。

5. 动态变化

JavaScript 是动态的，它可以直接对用户或客户输入做出响应，无需经过 Web 服务程序。它对用户的反映响应，是采用以事件驱动的方式进行的。所谓事件驱动，就是指在主页(Home Page)中执行了某种操作所产生的动作，就称为"事件"(Event)。比如：按下鼠标、移动窗口、选择菜单等都可以视为事件。当事件发生后，可能会引起相应的事件响应。

6. 跨平台

JavaScript 是依赖于浏览器本身，与操作环境无关。只要能运行浏览器的计算机，并支持 JavaScript 的浏览器就可正确执行，从而实现了"编写一次，走遍天下"的梦想。

20.3　JavaScript 使用方法

JavaScript 作为一种脚本语言，和其他语言类似，它也有自己的常用元素，如：常量、变量、运算符、函数、事件、对象等。具体定义如下表所示。

JavaScript 常用元素及说明

常用元素	说明
常量	在程序中数值保持不变的量
变量	与其他程序语言一样，JavaScript 变量可用于存放值，而且值是可变化的量。变量具有 4 种简单的基本类型：整数型、字符、布尔以及实型
运算符	在定义完常量和变量后，需要利用运算符对这些定义的常量和变量进行处理
函数	函数是由事件驱动的或者当它被调用时执行的可重复使用的代码块。在 JavaScript 中，一个函数包含了一组 JavaScript 语句。一个 JavaScript 函数被调用，表示这一部分的 JavaScript 语句将执行
对象	JavaScript 中的所有事物都是对象：字符串、数字、数组、日期等。 在 JavaScript 中，对象是拥有属性和方法的数据
事件	Javascript 是一种基于对象的编程语言，所以 javascript 的执行往往需要事件的驱动，例如：单击鼠标事件引发一个动作

基本语法

```
<script language="javascript">
 ...
 </script>
```

语法说明

在 HTML 中嵌入 JavaScript 代码时，只需要插入<script language="javascript"></script>标签。它可以插入在<head></head>或<body></body>中，其中省略号部分是 JavaScript 代码语句。

实例代码（源代码位置：源代码\example\20\20-3.html）

```
<!--实例20-3.html 代码-->
<html>
<head>
  <title>第一个 JavaScript 程序</title>
</head>
<body>
   <script language="javascript">
    alert("这是第一个 JavaScript 例子!");
    alert("欢迎学习 JavaScript!");
    alert("让我们一起共同学习 JavaScript 吧! ");
   </script>
   </body>
</html>
```

网页效果见下图

第一个 JS 案例

 运行该程序时，安全级别高的浏览器会阻止该程序的运行，需要对提示的警告信息做出一个响应，允许浏览器阻止的内容运行，该程序才可以正确运行。

20.4　知识点提炼

本章重点介绍了 JavaScript 的作用及特点，最后通过一个简单 JavaScript 程序案例说明其用法。

20.5　思考与练习

1. 选择题

（1）Web 标准体系包括（　　）。

　　A. 结构　　　　　　B. 表现　　　　　　C. 行为　　　　　　D. 事件

（2）Web 中主要完成与客户端交互的脚本语言是（　　）。

    A．HTML　　　　　　B．CSS　　　　　　C．JavaScript　　　　D．PHP

（3）JavaScript 语言的特点是（　　）。

    A．脚本编程　　　　B．基于对象　　　　C．安全可靠　　　　D．跨平台

（4）JavaScript 和其他语言类似也有（　　）。

    A．函数　　　　　　B．常量　　　　　　C．变量　　　　　　D．运算符

（5）在 HTML 中嵌入 JavaScript 说法不正确的是（　　）。

    A．嵌入的标签为<script></script>

    B．可以插入到<head></head>标签内

    C．可以插入到<body></body>标签内

    D．可以插入到 HTML 元素开始标签里

2．简答题

（1）请简述 JavaScript 语言及其作用。

（2）JavaScript 语言有哪些特点？

20.6　上机实例练习——写一个带 JS 的网页

第21章
JavaScript 基本语法

JavaScript 和其他的高级编程语言类似，有：基本数据类型、运算符、函数等，程序结构主要是选择和循环两种。

学习目标：

- 了解 JavaScript 基本数据类型
- 熟悉 JavaScript 运算符使用
- 熟悉 JavaScript 程序结构
- 属性 JavaScript 函数的使用

21.1　基本数据类型

JavaScript 是世界上最流行的编程语言。这门语言可用于 HTML 和 Web，更可广泛用于服务器、PC、笔记本计算机、平板计算机和智能手机等设备。

JavaScript 采用的不是严格的数据类型，包括：字符串、数字、布尔、数组、对象、Null、Undefined。其中前 4 种数据类型可以是常量，也可以是变量。下面主要讲解一下 JavaScript 变量的使用。

与代数一样，JavaScript 变量可用于存放值（如 x=2）和表达式（如 z=x+y）。

变量可以使用短名称（如 x 和 y），也可以使用描述性更好的名称（如：age, sum, total）。

变量必须以字母开头。

变量也能以 $ 和_符号开头（不过我们不推荐这么做）。

变量名称对大小写敏感（y 和 Y 是不同的变量）。

JavaScript 语句和 JavaScript 变量都对大小写敏感。

不能使用关键字作为变量名。如：for、hort、void、do、while 等。

使用变量时，要考虑变量的使用范围，注意区分局部变量和全局变量。

21.2　运算符

JavaScript 作为一门脚本语言与其他语言一样，也有运算符，用于完成一些指定的操作。

JavaScript 语言的运算符主要分为：算术运算符、逻辑运算符、比较运算符等。

21.2.1　算术运算符

JavaScript 语言中算术运算符包括 "+" "–" "*" "/" 和其他一些数学运算符，给定 y=5，在表 21-1 中解释。

表 21-1　　　　　　　　　　　　　　JavaScript 常用元素及定义

算数运算符	说明	例子	结果
+	加	x=y+2	x=7
-	减	x=y-2	x=3
*	乘	x=y*2	x=10
/	除	x=y/2	x=2.5
%	求余（保留整数）	x=y%2	x=1
++	自增加一	x=++y	x=6
--	自减减一	x=--y	x=4

实例代码（源代码位置：源代码\example\21\21-2-1.html）

```html
<!--实例 21-2-1.html 代码-->
<html>
<head>
<metahttp-equiv="Content-Type"content="text/html; charset=gb2312">
<title>成绩计算器</title>
<script language="javascript">
  function calculator(op)
  {
    var num1,num2,num3;
    //类型转换
    num1=parseFloat(document.form.txtYW.value);
    num2=parseFloat(document.form.txtSX.value);
    num3=parseFloat(document.form.txtEN.value);

    if (op=="+")        //计算总成绩
      document.form.total.value=num1+num2+num3;
    if (op=="/")        //计算平均分
      document.form.avg.value=(num1+num2+num3)/3;
  }
</script>
</head>
<body>
<form name="form" method="get" action="">
  <table width="240" height="132" bgcolor="#66B3FF" border="1" align="center">
    <tr>
      <th width="95">科目</th>
      <th>成绩</th>
    </tr>
    <tr align="center">
      <tdheight="24">语文</td>
      <tdwidth="129"><inputname="txtYW"type="text" size="10"></td>
    </tr>
    <tralign="center">
      <td height="29">数学</td>
      <td><input name="txtSX" type="text"size="10"></td>
```

```
      </tr>
      <tr align="center">
        <td height="32">英语</td>
        <td><input name="txtEN" type="text"size="10"></td>
      </tr>
      <tr align="center">
        <td><inputname="btn1"type="button"value="总成绩"onClick="calculator('+')"></ td>
        <td><input name="total" type="text"size="10"></td>
      </tr>
      <tr align="center">
        <td><input name="btn2"type="button"value="平均分"onClick="calculator('/')"></ td>
        <td><input name="avg" type="text"size="10"></td>
      </tr>
    </table>
  </form>
  </body>
</html>
```

网页效果（图 21-1）

图 21-1　成绩计算器

输入不同的科目，然后单击总成绩或平均分，就可以得到相应的分数。

21.2.2　逻辑运算符

JavaScript 语言中的逻辑运算符包括 "&&" "||" "!"。逻辑运算符测试结果返回一个布尔型的值。若 x=5，y=6。具体运算符与说明如表 21-2 所示。

表 21-2　　　　　　　　　　　　　　具体运算符

运算符	说明	例子
&&	逻辑与，相与的两个值都为真，返回的结果为真，否则为假。	(x < 10 && y > 1) 值为 true
||	逻辑或，相或的两个值有一个为真时，返回的结果为真，否则为假。	(x==5 || y==5) 值为 true
!	逻辑非，如：若 X 值为真，则! X 值为假	!(x==y)值为 true

实例代码（源代码位置：源代码\example\21\21-2-2.html）

```html
<!--实例 21-2-2.html 代码-->
<html>
<head>
<metahttp-equiv="Content-Type"content="text/html; charset=gb2312">
<title>逻辑运算符</title>
<script  language="javascript">
  function calculator(op)
  {
    var num1,num2,num3;
    //类型转换
    num1=parseFloat(document.form.txtYW.value);
    num2=parseFloat(document.form.txtSX.value);
    num3=parseFloat(document.form.txtEN.value);
    if(num1>=0&&num2>=0&&num3>=0)
    {
      if (op=="+")       //计算总成绩
          document.form.total.value=num1+num2+num3  ;
      if (op=="/")       //计算平均分
          document.form.avg.value=(num1+num2+num3)/3   ;
    }
    else
    {
      alert("数据错误! ");
    }
  }
</script>
</head>
<body>
<form name="form" method="get" action="">
<table width="240" height="132" bgcolor="#66B3FF" border="1" align="center">
  <tr>
    <th width="95">科目</th>
    <th>成绩</th>
  </tr>
  <tr align="center">
    <td height="24">语文</td>
    <td width="129"><input name="txtYW" type="text" size="10"></td>
  </tr>
  <tralign="center">
    <td height="29">数学</td>
    <td><input name="txtSX" type="text"size="10"></td>
  </tr>
  <tr align="center">
    <td height="32">英语</td>
    <td><input name="txtEN" type="text"size="10"></td>
  </tr>
  <tr align="center">
    <td>
    <input name="btn1"type="button"value="总成绩" onClick="calculator('+')">
    </td>
    <td >
     <input name="total" type="text"  size="10">
    </td>
    </tr>
    <tr align="center">
    <td ><input name="btn2"type="button"value="平均分"onClick="calculator('/') ">
    </td>
    <td>
    <input name="avg" type="text"size="10">
    </td>
</tr>
```

```
</table>
</form>
</body>
</html>
```

网页效果（图 21-2）

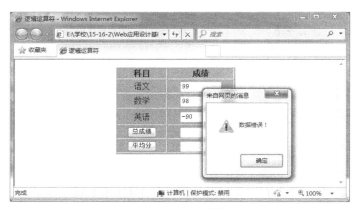

图 21-2   逻辑运算符效果图

    当英语输入负数时，if(num1>=0&&num2>=0&&num3>=0)中值为假，所以执行后面的语句弹出报错框。

21.2.3   比较运算符

JavaScript 语言中的比较运算符包括 ">" "<" "==" ">=" "<=" "!=" 和其他一些比较运算符。比较运算符可以比较两个表达式的值，并同时返回一个布尔类型的值。若 x=5，y=6，具体运算符与说明见表 21-3 所示。

表 21-3   具体运算符

运算符	说明	例子
>	大于	x>y 值为 false
<	小于	x<y 值为 true
==	等于	x==y 值为 false
>=	大于或等于	x>=y 值为 false
<=	小于或等于	x<=y 值为 true
!=	不等于	x!=y 值为 true

实例代码（源代码位置：源代码\example\21\21-2-3.html）

```
<!--实例 21-2-3.html 代码-->
<html>
<head>
<metahttp-equiv="Content-Type"content="text/html; charset=gb2312" />
<title>比较运算符</title>
<script language="javascript">
    function rec(){
    var num1,num2;
    num1=parseFloat(document.form.num1.value);
```

```
        num2=parseFloat(document.form.num2.value);
        if(num1>num2)alert("数字 1 大");
        if(num1==num2)alert("数字 1 等于数字 2");
        if(num1<num2)alert("数字 2 大");
      }
</script>
</head>
<body>
<form name="form" method="get" action="">
数字 1: <input type="text" name="num1" /><br />
数字 2: <input type="text" name="num2" /><br />
<input type="submit" value="提交" onClick="rec()" />
</form>
</body>
</html>
```

网页效果（图 21-3）

图 21-3　比较运算符

21.3　程序结构

在一般高级编程语言中，程序结构包括：顺序结构、选择结构、循环结构。而在 JavaScript 脚本语言中，只有两种结构：一种是条件结构，另一种是循环结构。下面介绍这两种结构。

21.3.1　If 语句

通常在写代码时，如果总是需要为不同的决定来执行不同的动作。可以在代码中使用条件语句来完成该任务，通常情况下使用 if 语句。

基本语法

```
if(条件)
        {
...
}
或者 if(条件)
  {
...
}
else
  {
...
}
```

语法说明

if 后面的条件可以是表达式或其他值，但条件返回的类型只能是布尔型：true 或 false。

实例代码（源代码位置：源代码\example\21\21-3-1.html）

```
<!--实例 21-3-1.html 代码-->
<html>
<head>
<meta http-equiv="Content-Type"content="text/html; charset=gb2312" />
<title>IF 的使用</title>
<script language="javascript">
    function rec(form){
     var a=form.num.value;
     if(a%2==0)alert("该数是双数。");
     else alert("该数是单数。");
    }
</script>
</head>
<body>
    <form>
    <input type="text" name="num">
    <input type="submit" value="提交" onClick="rec(this.form)">
    </form>
</body>
</html>
```

网页效果（图 21-4）

图 21-4　if 的使用

21.3.2　Switch 语句

Switch 是多分支结构语句，它可以在多条语句中进行判断，找到符合条件就执行条件后面的语句。

基本语法

```
switch(n)
{
case 1:执行代码块 1break;
case 2:执行代码块 2break;
default:n 与 1 和 2 不同时执行的代码
}
```

语法说明

首先设置表达式 n（通常是一个变量）。随后表达式的值会与结构中的每个 case 的值做比较。如果存在匹配，则与该 case 关联的代码块会被执行。请使用 break 来阻止代码自动地向下一个 case 运行。当 n 的值与所有的 case 值都不同时就会执行 default 中的语句。

实例代码（源代码位置：源代码\example\21\21-3-2.html）

```html
<!--实例21-3-2.html 代码-->
<html>
<head>
<meta http-equiv="Content-Type"content="text/html; charset=gb2312" />
<title>switch的使用</title>
<script language="javascript">
    function rec(form){
    var a=form.num.value;//a获取表单中输入的成绩
    var b=Math.floor(a/10);//a除10向下取整
    switch(b){
        case 9:document.write("优秀");break;
        case 8:document.write("良好");break;
        case 7:document.write("中等");break;
        case 6:document.write("及格");break;
        default :document.write("不及格");break;
    }
    }
</script>
</head>
<body>
<form>
    <input type="text" name="num">
    <input type="submit" value="提交" onClick="rec(this.form)">
</form>
</body>
</html>
```

网页效果（图 21-5 和图 21-6）

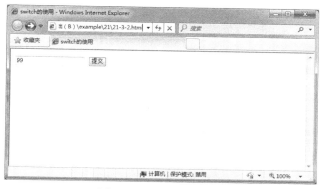

图 21-5　switch 语句使用

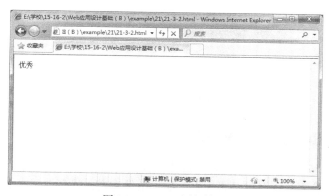

图 21-6　switch 语句使用

21.3.3　For 语句

如果希望一遍又一遍地运行相同的代码，并且每次的值都不同，那么使用循环是很方便的。但是程序员必须计算出要循环的次数才能正确地使用 For 循环语句。

基本语法

```
for(初始化值;条件;求新值)
{
...
}
```

语法说明

初始化值已赋值的情况可以省略，其余的都不能省略，同时初始化值、条件、求新值三者之间必须使用 ";" 隔开。只有 For 语句中的条件部分为真时，才执行后面大括号中的程序。

实例代码（源代码位置：源代码\example\21\21-3-3.html）

```html
<!--实例21-3-3.html 代码-->
<html>
<head>
<metahttp-equiv="Content-Type"content="text/html; charset=gb2312" />
<title>FOR 的使用</title>
</head>
<body>
<script language="javascript">
    var i;
    for(i=1;i<7;i++){
     document.write("<h",i,">h",i,"的字体大小","</h",i,">");
    }
</script>
</body>
</html>
```

网页效果（图 21-7）

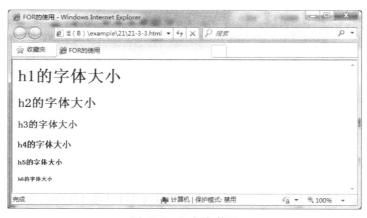

图 21-7　for 语句使用

21.3.4　While 与 Do…While

While 循环会在指定条件为真时循环执行代码块。do…while 循环是 while 循环的变体。该循环会执行一次代码块，再检查条件是否为真，如果条件为真，就会重复这个循环。

基本语法

while 语法：

```
while(条件){
程序段
...
}
```

do---while 语法：

```
do
{
程序段
...
}
while(条件)
```

语法说明

while 和 do...while 都是用于循环结构，但是两者有明显的区别：前者必须在满足条件的情况下，才执行该条件下的程序段；后者不管条件是否满足，程序段都至少会执行一次。

实例代码（源代码位置：源代码\example\21\21-3-4-1.html）

```html
<!--实例 21-3-4-1.html 代码-->
<html>
<head>
<meta http-equiv="Content-Type"content="text/html; charset=gb2312" />
<title>WHILE 的使用</title>
</head>
<body>
<script language="javascript">
    var i=1;
    while(i<7){
    document.write("<h",i,">h",i,"的字体大小","</h",i,">");
    i++;
    }
</script>
</body>
</html>
```

网页效果（图 21-8）

图 21-8　while 语句的使用

实例代码（源代码位置：源代码\example\21\21-3-4-2.html）

```html
<!--实例 21-3-4-2.html 代码-->
<html>
<head>
```

```
<meta http-equiv="Content-Type"content="text/html; charset=gb2312" />
<title>DO...WHILE 的使用</title>
</head>
<body>
<script language="javascript">
    var i=0;
    do{
     i++;
     document.write("<h",i,">h",i,"的字体大小","</h",i,">");
    }
    while(i<1)
</script>
</body>
</html>
```

网页效果（图 21-9）

图 21-9　do...while 语句的使用

21.4　函数

在程序开发中，为了提高程序运行效率，方便后期的组织和调试以及更新维护，将一个大的程序分解成许多小的程序块。这些小的程序块就是我们要讲的所谓的函数。

使用函数时，首先需要定义函数。在 JavaScript 语言中，使用 function 来定义函数。函数定义时分有参函数和无参函数。如：function rec(a)属于有参函数；function rec()属于无参函数。

21.4.1　有参函数

基本语法

function 函数名(参数 1 参数 2 ...参数 n)

语法说明

- function：是定义函数时用的关键词，不能少。
- 函数名：可以自己定义，注意命名规则。
- 参数：根据情况来定一个还是多个。

实例代码（源代码位置：源代码\example\21\21-4-1.html）

```
<!--实例 21-4-1.html 代码-->
<html>
```

```
<head>
<meta http-equiv="Content-Type"content="text/html; charset=gb2312" />
<title>有参函数的调用</title>
<script language="javascript">
    function rec(form){
     var a=parseFloat(form.num1.value);
     var b=parseFloat(form.num2.value);
     var c=a+b;
     alert(c);
     }
</script>
</head>
<body>
    <form>
    数字一：<input type="text" name="num1"><br>
    数字二：<input type="text" name="num2"><br>
    <input type="submit" value="求和" onClick="rec(this.form)">
    </form>
</body>
</html>
```

网页效果（图 21-10）

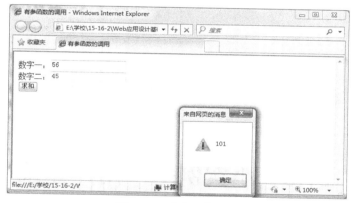

图 21-10　有参函数调用

21.4.2　无参函数

基本语法

" function 函数名() "

语法说明

和前面有参函数一样，只是在定义的时候"函数名()"括号里没有参数，调用时候也无需参数。

实例代码（源代码位置：源代码\example\21\21-4-2.html）

```
<!--实例 21-4-2.html 代码-->
<html>
<head>
<meta http-equiv="Content-Type"content="text/html; charset=gb2312" />
<title>无参函数的调用</title>
<script language="javascript">
    function rec(){
    var num1,num2;
    num1=parseFloat(document.form.num1.value);
```

```
        num2=parseFloat(document.form.num2.value);
        alert(num1*num2);
    }
</script>
</head>
<body>
<form name="form" method="get" action="">
数字一: <input type="text" name="num1" /><br />
数字二: <input type="text" name="num2" /><br />
<input type="submit" value="求积" onClick="rec()" />
</form>
</body>
</html>
```

网页效果（图 21-11）

图 21-11　无参函数调用

21.5　小实例——用户登录

实例代码（源代码位置：源代码\example\21\21-5.html）

```
<!--实例 21-5.html 代码-->
<html>
<head>
<meta http-equiv="Content-Type"content="text/html; charset=gb2312" />
<title>用户登录</title>
<script language="javascript">
function login(){
    var name="javascript",password="123456";
    var uname=form.username.value;
    var pwd=form.password.value;
    if(uname.trim().length==0||pwd.trim().length==0){
     alert("用户名或密码不能为空! ");
    }else if(uname==name&&pwd==password){
     alert("登录成功! ");
    }else{
        alert("用户名或密码错误! ");
    }
}
</script>
```

```
</head>
<body>
<center>
<form name="form" action="" method="post">
用户名: <input type="text" name="username" /><br/>
密  码: <input type="password" name="password" /><br/>
<input type="submit" value="登录" onClick="login()" />
</form>
</center>
</body>
</html>
```

网页效果（图 21-12）

图 21-12　用户登录

21.6　知识点提炼

本章学习了数据类型、算术运算符、逻辑运算符和比较运算符。程序结构包括：条件结构（if、switch）和循环结构（while、do while、for）。函数包括：有参函数和无参函数的定义与调用。

21.7　思考与练习

1. **选择题**

（1）JavaScript 的数据类型有（　　　）。

   A.　字符串　　　　　B.　数字　　　　　　C.　布尔　　　　　D.　Null

（2）JavaScript 语言的运算符主要有（　　　）。

   A.　算术运算符　　　B.　逻辑运算符　　　C.　连接运算符　　D.　比较运算符等

（3）JavaScript 语言中,程序结构主要有（　　　）。

   A.　顺序结构　　　　B.　选择结构　　　　C.　多分支结构　　D.　循环结构

（4）下面不属于逻辑运算符的是（　　　）。

   A.　>=　　　　　　B.　||　　　　　　　C.　!　　　　　　　D.　&&

（5）下面不属于循环语句的是（　　　）。

   A.　while　　　　　B.　do...while　　　C.　switch　　　　D.　for

2. 简答题

（1）名称解释：常量、变量、函数？

（2）JavaScript 程序结构语句有哪些？

21.8 上机实例练习——编写一个求长方体体积的程序网页

第22章
JavaScript 事件分析

事件通常与函数配合使用，这样就可以通过发生的事件来驱动函数执行。JavaScript 语言中事件的处理功能，可以给用户带来更多的操作性、交互性和应用性的网页。

学习目标

- 了解 JavaScript 事件
- 熟悉主要事件的使用

22.1　事件概述

JavaScript 是一门脚本语言，和其他面向对象的编程语言一样，也有事件驱动后执行程序功能。如：当用户单击按钮时，就发生了一个鼠标单击事件（onClick），需要浏览器做出处理，返回给用户一个结果。

22.2　主要事件

JavaScript 提供了很多事件，如鼠标单击事件(onClick)、文本框内容的改变事件（onChange）等，但主要的有以下 21 种，如下表所示。

主要事件

事件	说明
onClick	鼠标单击
onChange	文本框内容改变
onSelect	文本框内容被选中
onFocus	光标聚焦
onBlur	移开光标
onLoad	网页载入
onUnload	关闭网页
onMouseOver	鼠标经过
onMouseOut	鼠标移动

事件	说明
onabort	图像加载被中断
ondblclick	鼠标双击某个对象
onerror	当加载文档或图像时发生某个错误
onkeydown	键盘的某个键被按下
onkeypress	键盘的某个键被按下或按住
onkeyup	键盘的某个键被松开
onmousedown	鼠标某个按键被按下
onmousemove	鼠标被移动
onmouseup	鼠标某个按键被松开
onreset	重置按钮被单击
onresize	窗口或框架被调整尺寸
onsubmit	提交按钮被单击

22.2.1　鼠标单击事件 onClick

onClick 是一个鼠标单击事件。在当前网页上单击鼠标时，onClick 事件调用的程序块就会被执行。鼠标单击事件（onClick）通常与按钮一起使用。

基本语法

```
<input name=" " type=" " onClick=" " value=" ">
```

语法说明

- onClick 常常与表单项中的按钮一起使用。
- onClick 驱动的程序一般是一个函数。

实例代码（源代码位置：源代码\example\22\22-2-1.html）

```html
<!--实例 22-2-1.html 代码-->
<html>
<head>
<meta http-equiv="Content-Type" content="text/html; charset=gb2312" />
<title>onClick 的使用</title>
<script language="javascript">
function rec(){
    alert("欢迎学习 onClick 事件");
}
</script>
</head>
<body>
<form>
<input type="submit" value="开始" onClick="rec();">
</form>
</body>
</html>
```

网页效果（图 22-1）

图 22-1　onClick 的使用

22.2.2　内容改变事件 onChange

onChange 是文本框内容改变事件。当文本框的内容发生改变时，onChange 事件调用的程序块就会被执行。

基本语法

```
<input type="text" onChange="rec();" value="请修改本文本">
```

语法说明

- onChange 常常与表单项中的文本框一起使用。
- onChange 驱动的程序一般是一个函数。

实例代码（源代码位置：源代码\example\22\22-2-2.html）

```
<!--实例22-2-2.html 代码-->
<html>
<head>
<meta http-equiv="Content-Type"content="text/html; charset=gb2312" />
<title>onChange 的使用</title>
<script language="javascript">
function rec(){
    alert("欢迎学习 onChange 事件");
}
</script>
</head>
<body>
<form>
<input type="text" onChange="rec();" value="请修改本文本">
</form>
</body>
</html>
```

网页效果（图 22-2）

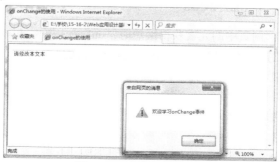

图 22-2　onChange 的使用

22.2.3　内容选择事件 onSelect

onSelect 事件是一个选中事件。当文本框或者文本域中的文本被选中时，onSelect 事件调用的程序块就会被执行。

基本语法

```
<input type="text" onSelect="rec();" value="请修改本文本">
```

语法说明

● onSelect 常常与表单项中的文本框一起使用。

● onSelect 驱动的程序一般是一个函数。

实例代码（源代码位置：源代码\example\22\22-2-3.html）

```
<!--实例 22-2-3.html 代码-->
<html>
<head>
<meta http-equiv="Content-Type"content="text/html; charset=gb2312" />
<title>onSelect 的使用</title>
</head>
<body>
<form>
<inputtype="text"name="text"value="请选择本文本" onSelect="alert('欢迎学习 onSelect 事件')">
</form>
</body>
</html>
```

网页效果（**图 22-3**）

图 22-3　onSelect 的使用

22.2.4　聚焦事件 onFocus

onFocus 是聚焦事件。网页中的元素获得聚焦时，onFocus 事件调用的程序块就会被执行。

实例代码（源代码位置：源代码\example\22\22-2-4.html）

```
<!--实例 22-2-4.html 代码-->
<html>
<head>
<title> onFocus 的使用</title>
<script>
function myFunction(x)
{
x.style.background="yellow";
```

```
}
</script>
</head>
<body>
```

请输入：`<input type="text" onFocus="myFunction(this)">`

`<p>`当输入文本框获得焦点时，会触发改变背景颜色的函数。`</p>`
```
</body>
</html>
```

网页效果（图 22-4）

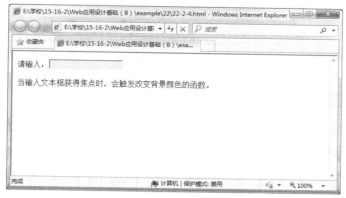

图 22-4　onFocus 的使用

22.2.5　失焦事件 onBlur

onBlur 是与 onFocus 相反的事件。onBlur 是失焦事件，当光标移开当前对象时，onBlur 事件调用的程序块就会被执行。

实例代码（源代码位置：源代码\example\22\22-2-5.html）

```
<!--实例 22-2-5.html 代码-->
<html>
<head>
<meta http-equiv="Content-Type"content="text/html; charset=gb2312" />
<title>onBlur 的使用</title>
<script>
function mya(x)
{
x.style.background="yellow";
}
function myb(y)
{
y.style.background="red";
}
</script>
</head>
<body>
请输入：<input type="text" onFocus="mya(this)" onBlur="myb(this)">
<p>当输入文本框获得焦点时或失焦时，会触发改变背景颜色的对应函数。</p>
</body>
</html>
```

网页效果（图 22-5）

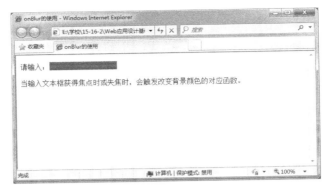

图 22-5　onBlur 的使用

22.2.6　装载事件 onLoad

onLoad 是装载事件。当载入一个新的页面文件时，onLoad 事件调用的程序块就会被执行。

实例代码（源代码位置：源代码\example\22\22-2-6.html）

```
<!--实例 22-2-6.html 代码-->
<html>
<head>
<meta http-equiv="Content-Type"content="text/html; charset=gb2312" />
<title>onLoad 的使用</title>
</head>
<body onLoad="alert('页面加载中...请稍候! ');">
</body>
</html>
```

网页效果（图 22-6）

图 22-6　onLoad 的使用

22.2.7　卸载事件 onUnload

onUnload 是卸载事件。当卸载页面文件时，onUnload 事件调用的程序块就会被执行。

实例代码（源代码位置：源代码\example\22\22-2-7.html）

```
<!--实例 22-2-7.html 代码-->
<html>
<head>
```

```
<meta http-equiv="Content-Type"content="text/html; charset=gb2312" />
<title>onUnload 的使用</title>
</head>
<body onUnload="alert('真的要退出？');">
</body>
</html>
```

网页效果（图 22-7）

图 22-7　onUnload 的使用

22.2.8　鼠标事件 onMouseOver

onMouseOver 是鼠标经过事件。当鼠标移到一个对象上时，onMouseOver 事件调用的程序块就会被执行。

实例代码（源代码位置：源代码\example\22\22-2-8.html）

```
<!--实例 22-2-8.html 代码-->
<html>
<head>
<meta http-equiv="Content-Type" content="text/html; charset=gb2312" />
<title>onMouseOver 的使用</title>
</head>
<body>
<form>
密码：<input type="password" name="pwd" />
<input type="submit" value="登录" onMouseOver="alert('密码不能为空！');">
</form>
</body>
</html>
```

网页效果（图 22-8）

图 22-8　onMouseOver 的使用

22.2.9 鼠标移开事件 onMouseOut

onMouseOut 是鼠标移开事件。当鼠标移开当前对象时，onMouseOut 事件调用的程序块就会被执行。

实例代码（源代码位置：源代码\example\22\22-2-9.html）

```
<!--实例22-2-9.html 代码-->
<html>
<head>
<meta http-equiv="Content-Type"content="text/html; charset=gb2312" />
<title>onMouseOut 的使用</title>
</head>
<body>
<div onMouseOver="mOver(this)"onMouseOut="mOut(this)"style="background:#906;width:
220px;height:20px;padding:20px;color:#ffffff;">把鼠标移到上面</div>
<script>
function mOver(obj)
{
obj.innerHTML="谢谢合作，你真棒"
}

function mOut(obj)
{
obj.innerHTML="请把鼠标移到上面"
}
</script>

</body>
</html>
```

网页效果（图 22-9）

图 22-9　onMouseOut 的使用

22.3　小实例——主要事件综合应用

实例代码（源代码位置：源代码\example\22\22-2-10.html）

```
<!--实例22-2-10.html 代码-->
<html>
<head>
<meta http-equiv="Content-Type"content="text/html; charset=gb2312" />
<title>图片放大缩小案例</title>
```

```
</head>
<script>
function updatelarge() {
var imgmsg = document.getElementById("myimg"); //获取图片的元素
imgmsg.width = "600";//图片存在属性 width 和 height，然后设置即可
imgmsg.height = "360";
        }
function updatesmall() {
var imgmsg = document.getElementById("myimg"); //获取图片的元素
 imgmsg.width = "200";//图片存在属性 width 和 height，然后设置即可
  imgmsg.height = "120";
        }
 </script>
<body>
    <p>
<input type="button"name="btn"value="放大"onclick="updatelarge()" />
<input type="button"name="btn"value="缩小"onclick="updatesmall()" />
    </p>
    <img src="images/flower.jpg"id="myimg"height="120" width="200"/>
</body>
</html>
```

网页效果（图 22-10）

图 22-10　图片放大缩小案例

22.4　知识点提炼

在本章中我们主要学习了事件、JavaScript 事件的作用、JavaScript 常见事件的使用。

22.5　思考与练习

1.　选择题

（1）下面哪些是鼠标事件？（　　　）

　　A．onClick　　　　　B．onChange　　　　C．onMouseOver　　D．onMouseOut

（2）下面哪些是文本框内容改变事件？（　　　）

  A. onSelect   B. onChange   C. onBlur   D. onFocus

（3）下面哪些是文本框内容被选中事件？（ ）

  A. onSelect   B. onChange   C. onLoad   D. onFocus

（4）下面哪些是网页载入事件？（ ）

  A. onLoad   B. onUnload   C. onBlur   D. onFocus

（5）下面哪些是鼠标双击某个对象事件？（ ）

  A. onClick   B. ondblclick C. onMouseOver D. onMouseOut

2．简答题

（1）什么是事件？JavaScript 事件有什么作用？

（2）列举十个常见事件，并说明其作用。

22.6 上机实例练习——制作鼠标经过图片放大效果

第23章
JavaScript 对象

面向对象（Object Oriented，OO）是软件开发方法。面向对象的概念和应用已超越了程序设计和软件开发，扩展到如：数据库系统、交互式界面、应用结构、应用平台、分布式系统、网络管理结构、CAD 技术、人工智能等领域。面向对象是一种对现实世界理解和抽象的方法，是计算机编程技术发展到一定阶段后的产物。

学习目标
- 理解 JavaScript 对象
- 熟悉浏览器对象使用
- 理解 JavaScript 内置对象属性

23.1 对象概述

类是现实世界或思维世界中的实体在计算机中的反映。它将数据以及这些数据上的操作封装在一起。类是对象的抽象；而对象是类的具体实例。类是抽象的，不占用内存；而对象是具体的，占用存储空间。

例如：真实生活中，一辆汽车是一个对象。作为汽车对象有它的属性，如重量和颜色等，方法有启动、停止等，如表 23-1 所示。

表 23-1 汽车对象属性与方法说明

对象	属性	方法

	car.name = sonata
	car.model = 500
	car.weight = 850kg
	car.color = white
		car.start()//启动
		car.drive()//驾驶
		car.brake()//刹车
		car.stop()//停止

所有汽车都有这些属性，但是每款车的属性值都不尽相同。所有汽车都拥有这些方法，但是它们被执行的时间都不尽相同。

JavaScript 是一门面向对象的编程语言，它也支持一些预定义对象支持的简单对象模型。JavaScript 对象拥有属性和方法的数据。属性和方法的引用在后面的例子中将具体介绍。

23.2　浏览器对象

浏览器对象应用可以直接嵌入到 HTML 文件中，浏览器提供的内部对象很多，从而提高了开发人员设计 Web 页面的能力。下面将重点介绍：Navigator 对象、Location 对象、Window 对象、History 对象、Document 对象。它们可以直接通过 JavaScript 调用，同样也可以使用其他语言来进行调用。

23.2.1　Navigator 对象

Navigator 对象封装着浏览器的基本信息，例如：版本号、操作系统等一些基本信息。Navigator 对象中也包含了一些常用的属性，具体属性说明如表 23-2 所示。

表 23-2　　　　　　　　　　　　　Navigator 对象属性说明

属性	说明
appName	显示浏览器名称
appVersion	浏览器版本号
platform	客户端操作系统
onLine	浏览器是否在线
javaEnabled()	是否启用 java

实例代码（源代码位置：源代码\example\23\23-2-1.html）

```html
<!--实例 23-2-1.html 代码-->
<html>
<head>
<meta http-equiv="Content-Type"content="text/html; charset=gb2312" />
<title>Navigator 对象</title>
</head>
<body>
<script>
document.write("浏览器名称: ",navigator.appName,"<br/>")
document.write("浏览器版本: ",navigator.appVersion,"<br/>")
document.write("操作系统: ",navigator.platform,"<br/>")
document.write("在线情况: ",navigator.onLine,"<br/>")
document.write("是否java 启用: ",navigator.javaEnabled(),"<br/>")
</script>
</body>
</html>
```

网页效果（图 23-1）

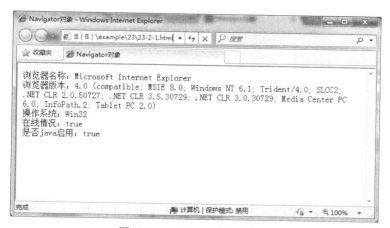

图 23-1　Navigator 对象的使用

23.2.2　Location 对象

Location 是浏览器内置的一个静态的对象，它显示的是一个窗口对象的地址。使用 Location 对象要考虑权限问题，不同的协议或者不同的主机不能互相引用彼此的 Location 对象。Location 对象包括的一些常用属性如表 23-3 所示。

表 23-3　　　　　　　　　　　　Location 对象属性说明

属性	说明
hostname	返回地址主机名
port	返回地址端口号
host	返回主机名和端口号

实例代码（源代码位置：源代码\example\23\23-2-2.html）

 　　　　下面的 HTML 文件必须在 Web 服务器下运行才能看到效果，如同前面介绍的 IIS

注意

```
<!--实例 23-2-2.html 代码-->
<html>
<head>
<meta http-equiv="Content-Type"content="text/html; charset=gb2312" />
<title>Location 对象</title>
</head>
<body>
<script>
document.write("地址主机名: ",location.hostname,"<br/>")
document.write("地址端口号: ",location.port,"<br/>")
document.write("主机名和端口号: ",location.host,"<br/>")
</script>
</body>
</html>
```

网页效果（图 23-2）

图 23-2　Location 对象的使用

23.2.3　Window 对象

Window 对象是一个优先级很高的对象。Window 对象包含了丰富的属性、方法和其他时间驱动。程序员可以通过操作这些简单的属性和方法，对浏览器显示窗口进行控制。Window 对象常用属性如表 23-4 所示、方法如表 23-5 所示。

表 23-4　　　　　　　　　　　　　　Window 对象属性说明

属性	说明
closed	返回窗口是否已被关闭
defaultStatus	设置或返回窗口状态栏中的默认文本
document	对 Document 对象的只读引用。请参阅 Document 对象
history	对 History 对象的只读引用。请参阅 History 对象
innerheight	返回窗口的文档显示区的高度
innerwidth	返回窗口的文档显示区的宽度
length	设置或返回窗口中的框架数量
location	用于窗口或框架的 Location 对象。请参阅 Location 对象
name	设置或返回窗口的名称
Navigator	对 Navigator 对象的只读引用。请参阅 Navigator 对象
opener	返回对创建此窗口的窗口的引用
outerheight	返回窗口的外部高度
outerwidth	返回窗口的外部宽度
pageXOffset	设置或返回当前页面相对于窗口显示区左上角的 X 位置
pageYOffset	设置或返回当前页面相对于窗口显示区左上角的 Y 位置
parent	返回父窗口
Screen	对 Screen 对象的只读引用。请参阅 Screen 对象
self	返回对当前窗口的引用。等价于 Window 属性
status	设置窗口状态栏的文本
top	返回最顶层的先辈窗口
window	window 属性等价于 self 属性，它包含了对窗口自身的引用
screenLeft screenTop screenX screenY	只读整数。声明了窗口的左上角在屏幕上的 x 坐标和 y 坐标。IE、Safari 和 Opera 支持 screenLeft 和 screenTop，而 Firefox 和 Safari 支持 screenX 和 screenY

表 23-5　　　　　　　　　　　　　　　　　Window 对象方法说明

方法	说明
alert()	显示带有一段消息和一个确认按钮的警告框
blur()	把键盘焦点从顶层窗口移开
clearInterval()	取消由 setInterval() 设置的 timeout
clearTimeout()	取消由 setTimeout() 方法设置的 timeout
close()	关闭浏览器窗口
confirm()	显示带有一段消息以及确认按钮和取消按钮的对话框
createPopup()	创建一个 pop-up 窗口
focus()	把键盘焦点给予一个窗口
moveBy()	可相对窗口的当前坐标把它移动到指定的坐标
moveTo()	把窗口的左上角移动到一个指定的坐标
open()	打开一个新的浏览器窗口或查找一个已命名的窗口
print()	打印当前窗口的内容
prompt()	显示可提示用户输入的对话框
resizeBy()	按照指定的像素调整窗口的大小
resizeTo()	把窗口的大小调整到指定的宽度和高度
scrollBy()	按照指定的像素值来滚动内容
scrollTo()	把内容滚动到指定的坐标
setInterval()	按照指定的周期（以毫秒计）来调用函数或计算表达式
setTimeout()	在指定的毫秒数后调用函数或计算表达式

实例代码（源代码位置：源代码\example\23\23-2-3.html）

```
<!--实例 23-2-3.html 代码-->
<html>
<head>
<meta http-equiv="Content-Type"content="text/html; charset=gb2312" />
<title>Window对象</title>
</head>
<body>
弹出新的页面
<script>
window.open("23-2-1.html","newwindow","height=350,width=400,top=50,left=50")
</script>
</body>
</html>
```

网页效果（图 23-3）

图 23-3　Window 对象的使用

23.2.4　Document 对象

JavaScript 的输入和输出都是通过对象来完成，Document 就是输出对象之一。Document 对象最主要的方法是 write()。

实例代码（源代码位置：源代码\example\23\23-2-4.html）

```html
<!--实例 23-2-4.html 代码-->
<html>
<head>
<meta http-equiv="Content-Type"content="text/html; charset=gb2312" />
<title>Document 对象</title>
</head>
<body>
<script>
document.write("<h1>欢迎学习 JavaScript! </h1>");
</script>
</body>
</html>
```

网页效果（图 23-4）

图 23-4　Document 对象的使用

23.2.5　History 对象

在 JavaScript 中，History 对象表示的是浏览历史，它包含了浏览器以前浏览过的网页的网址。常用方法如表 23-6 所示。

表 23-6　　　　　　　　　　　　　　　History 对象方法说明

方法	说明
forward()	相当于浏览器工具栏上的"前进"按钮
back()	相当于浏览器工具栏上的"后退"按钮
go()	相当于浏览器工具栏上的"转到"按钮

实例代码（源代码位置：源代码\example\23\23-2-5.html）

```html
<! 实例 23-2-5.html 代码 >
<html xmlns="http://www.w3.org/1999/xhtml">
<head>
```

```
<meta http-equiv="Content-Type" content="text/html;
charset=gb2312" />
<title>History 的使用</title>
</head>
<body>
<h1>欢迎学习 JavaScript!</h1>
<form>
<input type="button" onClick="history.go(1);" value="前进">
<input type="button" onClick="history.go(-1);" value="后退">
<input type="button" onClick="history.go(2);" value="跳转">
</form>
</body>
</html>
```

网页效果（图 23-5）

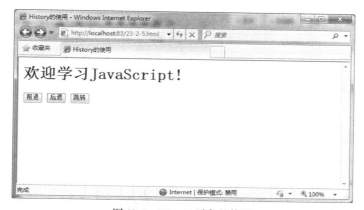

图 23-5　History 对象的使用

在当前未关闭浏览器要有历史页面，上面的"前进""后退""跳转"按钮才有用。

23.3　内置对象和方法

JavaScript 提供了一些内置的对象，程序员可以利用这些对象编程，提高开发效率。JavaScript 语言提供内置对象的属性和方法与其他面向对象编程语言的调用方式相同，如下所示。

对象名.属性名

对象名.方法名（参数）

具体属性方法如表 23-7 所示。

表 23-7　内置对象属性说明

对象	属性/方法	说明
date	getDate	显示当前日期
	getDay	显示当前是哪一天
	getHour	显示当前具体小时

对象	属性/方法	说明
date	getMouth	显示当前月份
	getSconds	显示当前具体秒
	setDay	设置当前天数
	setHour	设置当前小时
	setMouth	设置当前月份
	setSconds	设置当前秒
String	indexOF()	显示字符串位置
	charAT()	字符定位
	toLowerCase()	大写转换小写
	toUpperCase()	小写转换大写
	substring()	求子串
math	abs()	求绝对值
	acos()	求反余弦值
	atan()	求正切值
	max()	求最大值
	min()	求最小值
	sprt()	求平方根
array		定义数组

23.4 小实例——对象的综合应用

实例代码（源代码位置：源代码\example\23\23-4.html）

```html
<!--实例23-4.html代码-->
<html>
<head>
<meta http-equiv="Content-Type"content="text/html; charset=gb2312" />
<title>对象应用实例</title>
</head>
<body>
<input type="button" name="elephant" onClick="elephant()" value="大象"/>
<input type="button" name="giraffe" onClick="giraffe()" value="长颈鹿"/>
<input type="button" name="horse" onClick="horse()" value="千里马"/>
<input type="button" name="tiger" onClick="tiger()" value="老虎"/>
<script>
function elephant(){
document.write("<input type='button'
 name='back'onClick='history.back()' value='返回'/>
<img src='images/elephant.jpg' width='600' height='400'>");}
function giraffe(){
document.write("<input type='button'
 name='back'onClick='history.back()' value='返回'/>
<img src='images/giraffe.jpg' width='600' height='400'>");}
function horse(){
document.write("<input type='button'
 name='back'onClick='history.back()' value='返回'/>
<img src='images/horse.jpg' width='600' height='400'>");}
function tiger(){
```

```
document.write("<input type='button'
 name='back'onClick='history.back()' value='返回'/>
<img src='images/giraffe.jpg' width='600' height='400'>");}
</script>
</body>
</html>
```

网页效果（图 23-6 和图 23-7）

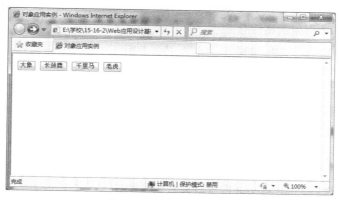

图 23-6　对象应用小实例

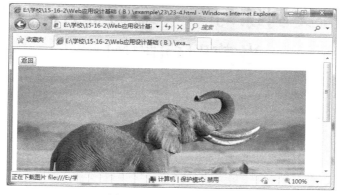

图 23-7　对象应用小实例

23.5　知识点提炼

较为详细地介绍了浏览器的 Navigator、Location、Window、Document、History 等内部对象。简单介绍了一些内置对象的方法。

23.6　思考与练习

1. 选择题

（1）下面关于对象的描述正确的是（　　）。

　　A. 类是对象的抽象　　　　　　　　　　B. 对象是类的具体实例

    C．对象拥有属性和方法　　　　　　D．现实世界事物都是对象

（2）下面属于浏览器对象的是（　　　）。

    A．Navigator 对象　　　　　　　　B．Location 对象

    C．Window 对象　　　　　　　　　D．History 对象

（3）下面 Navigator 对象的属性有（　　　）。

    A．appName　　　　B．appVersion　　　C．platform　　　　D．close

（4）下面 Location 对象的属性有（　　　）。

    A．hostname　　　　B．port　　　　　　C．host　　　　　　D．url

（5）通过 Windows 对象的（　　　）方法可以打开一个新网页。

    A．alert()　　　　　B．open()　　　　　C．print()　　　　　D．prompt()

（6）History 对象表示的是浏览历史，方法有（　　　）。

    A．forward()　　　　B．back()　　　　　C．open()　　　　　D．go()

2．简答题

（1）请用文字描述什么是对象？采用面向对象编程的优点是什么？

（2）请列举 10 种以上 JavaScript 内置对象常见属性。

23.7　上机实例练习——编写显示客户端系统及当前时间的网页

实战篇

- 第 24 章　综合案例

第 24 章
综合案例

Web 开发是一个系统工程。本章重在把所有知识点应用起来，系统介绍网站开发流程及发布流程，最后通过一个实例介绍前端开发全过程，做到学以致用。

学习目标
- 了解网站开发流程
- 了解网站发布流程
- 熟悉前端开发过程

24.1　网站开发与发布流程

24.1.1　网站开发流程

网站开发和一般系统开发流程类似，但网站对 UI 设计和用户体验设计要求更高，开发流程一般为以下 4 个步骤。

1. 需求分析

设计并开发好一个网站，必须要先做好需求分析，充分了解网站的当前定位、要达到的预期目标、客户群体情况、还有什么特殊功能要求等。只有在充分了解这些信息的基础上才能做好功能栏目设计，最终形成网站建设方案。

2. UI 设计

UI 设计就是网站主要界面设计，根据需求要求设计各个主要界面的效果图，通过效果图的直观效果再次沟通需求，从而促进需求设计不断完善。等最终的效果图都通过了确认定稿，接下来的工作就是编码实现了。

3. 编码实现

编码工作可以分前端编码和后端编码，前端编码工作包括：UI 设计效果图切片、采用 HTML、CSS、JS 等前端技术进行页面编码。后端编码工作包括：按需求设计结合 UI 效果图进行功能代码实现、数据库设计、安全设计、前后端对接、测试完善等。

4. 测试完善

等整个系统开发完成以后，必须还要进行测试环节，按照需求要求对系统进行逐一测试，包括：功能测试、链接测试、内容测试等。在测试过程中发现问题进行分析，设计解决方案并进行修改完善。

24.1.2 网站发布流程

经过测试完善后的网站，可以发布到服务器上了，但发布前也要做一些准备工作，大致步骤如下。

1. 申请域名

域名是一个网站的重要标志。网站不管怎么升级与改版，但域名一般是不会任意改变的，因此申请一个好的域名是非常重要的。选择域名时注意有意义、易叫、好听、易记、易推广等原则。

申请域名的步骤大致为：选择域名的申请机构；选择域名；填写域名注册信息；填写联系信息及技术负责人信息；阅读并接受服务条款；付款完成申请。域名申请后还需要进行域名解析。

2. 购买服务器

网站开发完成后，必须要部署到 Web 服务器上才能正常访问。选择 Web 服务器主要看两个方面：一是服务器硬件配置；二是服务器的软件环境，这些都要根据网站的实际应用情况来定。选择服务器时，通常有以下 3 种方案。

（1）自行架设服务器，拥有自己机房条件的可以选择这种方式，成本最高；

（2）购买云服务器，这种方式性价比最高，维护成本低，是不错的选择；

（3）购买服务器空间，这种方式适合一般访问量不高的企业网站，价格便宜。

3. 网站备案

网站备案就是 ICP 备案，实际上也就是网站实名制。国家为了很好地监管上线运行的网站，实行网站备案制度，在国内服务器上上线运行的网站都需要备案，备案通过后才可以正常访问。备案分经营性网站备案和非经营性网站备案两种，一般企业网站都属于非经营性网站备案。具体备案方法找服务器运营商咨询。

4. 正式发布

若前面的 3 项工作已经完成，这个时候就可以发布网站了。不过还需要做域名解析、服务器配置、域名绑定、网站系统上传等。网站发布完成，域名解析生效后，就可以通过域名访问网站了。

24.2 花店系统前端开发过程

通过前面章节的学习，我们已经基本掌握 Web 前端开发的主要技术和工具，但对一个完整系统前端开发过程还没有学习，接下来以花店系统为例介绍前端开发过程，主要步骤如下。

1. 花店系统 UI 界面设计

首先进行需求分析，制定花店系统网站建设方案，按方案要求设计 UI 界面，UI 界面设计工具一般为 Photoshop。这里以花店系统首页为例介绍。如图 24-1 所示，我们利用 PS 设计好了花店系统首页。

2. 对 UI 界面进行切片

UI 界面效果图出来以后，可以进一步沟通需求，确定最终版 UI 界面。接下来工作要把 UI 界面转换成 HTML 文件了，在转换前我们先进行切片工作。切片工作可以理解为从效果图中切取有用的图片素材，为后面写 HTML 文件所用。

图 24-1　花店系统网站首页效果图

（1）设置辅助线

设置辅助线是切片前期工作，必须要做好。利用 PS 的选择箭头在标尺位置按住鼠标左键拖到图片上即可产生辅助线。我们只要在需要的图片素材四边设置辅助线即可。如图 24-2 所示。

（2）设置切片位置

辅助线设置完成后，接下来就是设置切片位置。和设置辅助线原则一样，我们只要在需要的图片素材上设置切片位置。Photoshop 工具栏中有切片工具，如图 24-3 所示，设置了切片位置。

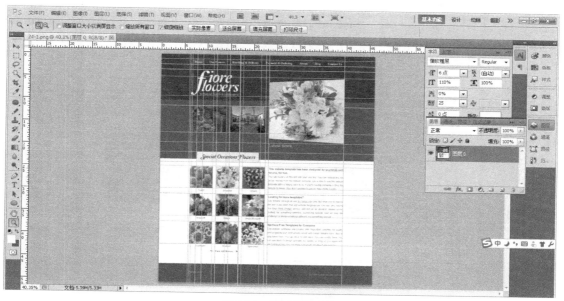

图 24-2　设置了辅助线

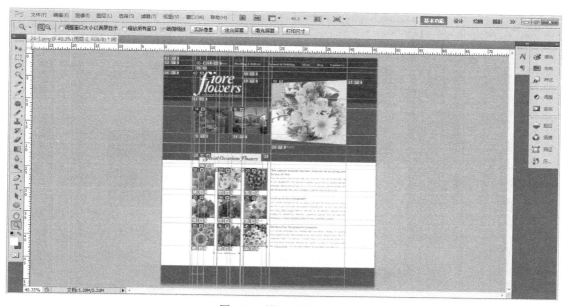

图 24-3　设置了切片位置

（3）导出

接下来就是导出了，具体步骤：在 Photoshop 中单击【文件】>>【存储为 Web 和设备所用格式】。如图 24-4 所示，单击【存储】，再选择存放文件夹，输入文件名为"花店系统首页切片"，格式选择"HTML 和图像"，切片选择"所有用户切片"，最后单击【保存】按钮，如图 24-5 所示。

图 24-4　导出预览界面

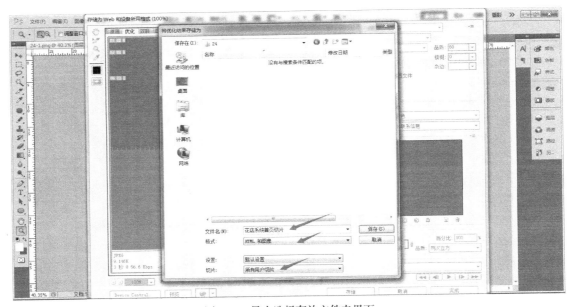

图 24-5　导出选择存放文件夹界面

3. 整理和重命名图片素材

导出成功后，如图 24-6 所示的图片素材，接下就是对素材进行整理和重命名，多余的素材可以清理掉，不够的素材可以再次补齐，有些素材还要制作等。

整理和重命名后的图片素材，如图 24-7 所示。

4. 编码工作

编码是最后一项工作了，这里继续以花店系统首页编码为例介绍。首先建立一个名为"花店网站前端模板"文件夹，在文件下建立图片文件"images"，把图片素材放入到"images"文件夹里，再建立一个"css"文件夹，里面用来存放 css 样式文件。如图 24-8 所示。

图 24-6　导出后的图片素材

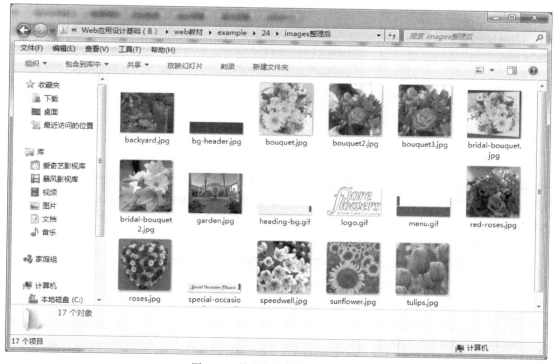

图 24-7　整理和重命名后图片素材

　　在 Dreamweaver 下配置开发站点，站点名为"花店系统"。具体配置方法前面章节有介绍，这里不做累述。配置好的开发站点如图 24-9 所示。

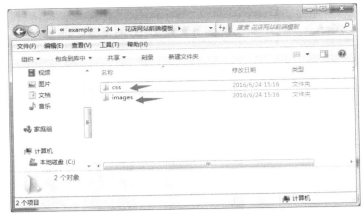

图 24-8　花店网站前端模板文件夹

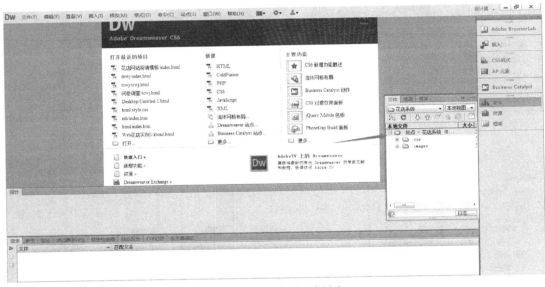

图 24-9　配置好的开发站点

新建一个名为"style.css"的 CSS 样式文件，并保存到站点下的 css 文件夹里，再新建好一个名为"index.html"的文件，在 index.html 文件</head>标签前加入<link rel="stylesheet" type="text/css" href="css/style.css"/>代码，把 index.html 与 style.css 关联起来，接下来就可以编写代码了。

Index.html 文件的核心代码如下。

（源代码位置：源代码\example\24\花店网站前端模板\index.html）

```
<!DOCTYPE html><!--html5 标准网页声明-->
<html>
<head>
<meta charset="utf-8" />
<title>花店系统网站首页</title>
<link rel="stylesheet" type="text/css" href="css/style.css"/>
</head>
<body>
    <div id="header">
    <ul>
    <li class="selected"><a href="index.html">home</a></li>
```

```
    <li><a href="flowers.html">our flowers</a></li>
    <li><a href="handling.html">handling &amp; delivery</a></li>
    <li><a href="payment.html">payment &amp; ordering</a></li>
    <li><a href="about.html">about</a></li>
    <li><a href="blog.html">blog</a></li>
    <li><a href="contact.html">contact us</a></li>
    </ul>
    <div class="logo">
    <a href="index.html"><img src="images/logo.gif" alt="" /></a>
    </div>
    </div>
    <div id="body">
    <div class="featured">
    <div><ul>
 <li><a href="index.html"><img src="images/backyarD. jpg" alt="" /></a></li>
 <li><a href="index.html"><img src="images/garden.jpg" alt="" /></a></li>
    </ul>
    <div class="section">
    <div>
    <a href="index.html"><img src="images/bridal-bouquet.jpg" alt="" /></a>
    <h2>latest work</h2>
    </div>    </div>    </div>    </div>
    <div class="content">
    <span class="heading">
 <img src="images/special-occasions-flowers.gif" alt="" /></span>
 <div><div><ul><li><a href="flowers.html">
    <img src="images/tulips.jpg" alt="" />
    <span>Tulips</span></a></li>
                        <li>
                            <a href="flowers.html">
                            <img src="images/bouquet.jpg" alt="" />
                            <span>Bouquet</span>
                            </a>
                        </li>
                        ……
                    </ul>
                    ……
        </div>
    </div>
    </div>
    <div id="footer">
    <div>
        <div class="connect">
            <h4>Follow us:</h4>
        </div>
        <p>Copyright &copy; 2016. All rights reserveD. </p>
    </div>
    </div></body>
</html>
```

style.css 文件的核心代码如下。

（源代码位置：源代码\example\24\花店网站前端模板\css\style.css）

```
body {
    background: #c30075;
    font-family: Arial, Helvetica, sans-serif;
    margin: 0;
    padding: 0;
}
#header {
```

```
            background: url(../images/bg-header.jpg) repeat-x center top;
            margin: 0;
            padding: 0;
            overflow: hidden;
            min-width: 960px;
}
#header ul {
            margin: 0 auto;
            overflow: hidden;
            padding: 31px 0 34px 0;
            text-align: center;
            width: 960px;
}
#header ul li {
            display: inline-block;
            list-style: none;
            margin: 0 15px;
            padding: 0;
}
#header ul li a {
            color: #fff;
            display: block;
            font-family: Times New Roman;
            font-size: 18px;
            font-weight: bold;
            height: 32px;
            line-height: 32px;
            margin: 0;
            padding: 0 10px 0 0;
            text-decoration: none;
            text-transform: capitalize;
}
#header ul li.selected,
#header ul li.selected a {
            background: url(../images/menu.gif) no-repeat top left;
}

#header ul li.selected {
            background-position: 0 0;
            padding: 0 0 0 10px;
}
#header ul li.selected a {
            background-position: right -34px;
}
#header ul li a:hover {
            color: #fff6e0;
}
#header div {
            margin: 0 auto;
            padding: 0 0 61px 10px;
            width: 960px;
}
#header div.logo a {
            display: block;
            margin: 0;
            padding: 0;
            width: 301px;
}
#header div.logo a img{
```

```
      border: 0;
   }
   #body {
      background: #fefef6 url(../images/bg-content.gif) repeat-x top left;
      margin: 0;
      padding: 0;
      min-width: 960px;
   }
   #body h1 {
      color: #918873;
      font-family: Times New Roman;
      font-size: 36px;
      margin: 0;
      padding: 48px 0;
      text-transform: capitalize;
   }
   #body h3 {
      color: #918873;
      font-size: 16px;
      line-height: 24px;
      margin: 0;
      padding: 0;
      text-align: justify;
   }
   #body h3 a {
      color: #918873;
      margin: 0;
      padding: 0;
   }
   #body h3 a:hover {
      color: #b7b1a1;
   }
   ……
```

24.3　知识点提炼

本章介绍了网站开发流程、网站发布流程以及一个系统从需求到前端编码实现的全过程。网站开发一般流程包括需求分析、UI 设计、编码实现、测试完善；网站发布流程一般为申请域名、购买服务器、网站备案、上传系统、域名解析等；前端开发过程包括 UI 界面设计、界面切片、整理和重命名图片素材、编码实现。

24.4　思考与练习

1. 选择题

（1）网站开发流程一般为以下哪几个步骤？（　　　）

　　A. 需求分析　　　　　B. UI 设计　　　　　C. 编码实现　　　　　D. 测试完善

（2）前端实现一般包括以下哪几个步骤？（　　　）

　　A. UI 设计　　　　　B. 切片工作　　　　　C. 前端编码　　　　　D. 数据库设计

（3）Web 整个系统的编程工作，包括（　　　）。

    A．需求分析　　　　B．UI 设计　　　　C．前端编程　　　　D．后端编程

（4）下面哪些属于 Web 前端技术？（　　　）

    A．HTML　　　　B．CSS　　　　C．JavaScript　　　　D．PHP

2．**简答题**

（1）请简述网站开发的一般流程。

（2）请简述前端开发的一般流程。

扩展篇

第25章
全新的 HTML——HTML5

HTML5 是下一代的 HTML，它是 HTML 诞生至今最具有划时代意义的一个版本。它在之前的 HTML 版本基础上，做出了大量更新。HTML5 除了保留了 HTML4 中一些基本元素及属性的用法外，还删除了部分利用率低或不合理的元素，同时增加了大量新的、功能强大的元素。

学习目标：

- 了解 HTML5 与 HTML4 区别
- 掌握 HTML5 新增元素使用
- 掌握 HTML5 新增属性使用

25.1　初识 HTML5

1．什么是 HTML5?

HTML5 将成为 HTML、XHTML 以及 HTML DOM 的新标准。

HTML5 仍处于完善之中。然而，大部分浏览器已经支持 HTML5 某些特性。

HTML5 是 W3C 与 WHATWG 合作的结果。WHATWG 致力于 Web 表单和应用程序，而 W3C 专注于 XHTM 2.0。在 2006 年，双方决定进行合作，来创建一个新版本的 HTML，为 HTML5 建立了一些规则：

- 减少对外部插件的需求（比如 Flash）
- 更优秀的错误处理
- 更多取代脚本的标记
- HTML5 应该独立于设备
- 开发进程应对公众透明

2．HTML5 的新特性

HTML5 具有以下新特性：

- 用于绘画的 canvas 元素
- 用于媒介回放的 video 和 audio 元素
- 对本地离线存储的更好的支持
- 新的特殊内容元素，如 article、footer、header、nav、section
- 新的表单控件，如 calendar、date、time、email、url、search

3. 浏览器支持

最新版本的 Safari、Chrome、Firefox 以及 Opera 支持某些 HTML5 特性。Internet Explorer 9 也将支持某些 HTML5 特性。

25.2 HTML5 语法结构

在了解 HTML5 的新语法结构之前，我们先来看一个例子。同样一个网页，在 HTML4 中编写的代码如下。

```
<!DOCTYPE html PUBLIC "-//W3C//DTD XHTML 1.0 Transitional//EN" "http://www.w3.org/TR/
xhtml1/DTD/xhtml1-transitional.dtd">
<html xmlns="http://www.w3.org/1999/xhtml">
<head>
<meta http-equiv="Content-Type" content="text/html; charset=utf-8" />
<title>HTML4 语法结构</title>
</head>
<body>
<p>这是一个 html 网页</p>
</body>
</html>
```

在 HTML5 中编写的代码如下。

```
<!DOCTYPE html>
<head>
<meta charset=utf-8" />
<title>HTML5 语法结构</title>
</head>
<body>
<p>这是一个 html 网页</p>
</body>
</html>
```

仔细观察前面两段代码发现，与 HTML4 的语法结构相比，HTML5 的语法结构更加简练，省去了一些不必要的配置信息。

25.3 HTML5 页面架构元素

我们已经对 HTML 文档的布局非常熟悉，一般都是采用 div 来实现，而 HTML5 中提供了专门用于实现页面架构功能的元素。

（1）section 元素，用于定义页面中的一个内容区域，例如页眉、页脚，可以与 h1、h2、h3 等结合使用形成文档结构。

（2）header 元素，用于定义页面中标题区域。

（3）nav 元素，用于定义页面中导航菜单区域。

（4）article 元素，用于定义页面中上下两段相对独立的信息内容。

（5）aside 元素，article 元素的辅助元素，用于定义页面中 article 区域内容相关联信息。

（6）footer 元素，用于定义页面中脚注区域。

开发人员利用这些元素可以快速架构页面。同时，由于代码的规范化，为页面协同开发、后续维护等工作也带来了便利。对于图 25-1 中的页面架构，在 HTML5 中可以编码如下。

实例代码（源代码位置：源代码\example\25\25-3.html）

```
<!--实例 25-1.html 代码-->
<!DOCTYPE html>
<meta charset="gb2312" />
<style type="text/css">
nav,article,footer{ border:1px #666666 solid;}
nav{ width:400px; height:40px;}
nav ul li{float:left;width:80px;}
article{clear:both; width:400px; height:100px;}
article section{float:left; width:196px; height:100px;}
footer{clear:both; width:400px;}
</style>
<title>HTML5 构架元素使用</title>
<header>
 <p>网站标题</p>
</header>
<nav>
 <ul>
 <li>菜单 1</li>
 <li>菜单 2</li>
 <li>菜单 3</li>
 </ul>
</nav>
<article>
 <section>主体内容 1</section>
 <section>主体内容 2</section>
</article>
<footer>
 <p>版权信息，联系方式</p>
</footer>
</html>
```

网页效果（图 25-1）

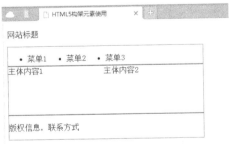

图 25-1　HTML 构架元素使用

25.4　元素的改变

HTML5 新增了一些页面元素，这些页面元素不仅带来了开发的便利，更提供了强大的功能。同时原来 HTML 中某些元素在 HTML5 中已经停止使用。

25.4.1　新增元素

在 25.3 节中，我们已经接触了一些 HTML5 新增加的页面架构元素。除了页面架构元素外，HTML5 中还增加了以下一些元素。

1. video 元素

主要用于在页面中添加视频信息。

基本语法

```
<video src="" controls="" autoplay="" height="" …> </video>
```

语法说明

表 25-1　　　　　　　　　　　　video 元素属性说明

属性	属性值	描述
autoplay	autoplay	如果出现该属性，则视频在就绪后马上播放
controls	controls	如果出现该属性，则向用户显示控件，比如播放按钮
height	pixels	设置视频播放器的高度
loop	loop	如果出现该属性，则当媒介文件完成播放后再次开始播放
preload	preload	如果出现该属性，则视频在页面加载时进行加载，并预备播放。如果使用 "autoplay"，则忽略该属性
src	url	要播放的视频的 URL
width	pixels	设置视频播放器的宽度

实例代码（源代码位置：源代码\example\25\25-4-1.html）

```
<!--实例 25-4-1.html 代码-->
<!doctype html>
<html>
<head>
<meta charset="utf-8">
<title>video 元素使用</title>
</head>
<body>
<video src="movie.ogg" controls="controls" autoplay="autoplay">
</video>
</body>
</html>
```

网页效果（图 25-2）

图 25-2　video 元素使用

2. audio 元素

主要用于在页面中添加音频信息。

基本语法

```
< audio src="" controls="" autoplay="" ...> </ audio>
```

语法说明

表 25-2 audio 元素属性说明

属性	属性值	描述
autoplay	autoplay	如果出现该属性，则视频在就绪后马上播放
controls	controls	如果出现该属性，则向用户显示控件，比如播放按钮
loop	loop	如果出现该属性，则每当音频结束时重新开始播放
preload	preload	如果出现该属性，则视频在页面加载时进行加载，并预备播放。如果使用 "autoplay"，则忽略该属性
src	url	要播放的视频的 URL

实例代码（源代码位置：源代码\example\25\25-4-2.html）

```html
<!--实例 25-4-2.html 代码-->
<!doctype html>
<html>
<head>
<meta charset="utf-8">
<title>audio 元素使用</title>
</head>
<body>
<audio src="song.mp3" controls="controls"></audio>
</body>
</html>
```

网页效果（图 25-3）

图 25-3　audio 元素使用

3. embed 元素

主要用于向页面中添加多媒体插件。

基本语法

```
<embed src="" width="" ...></embed>
```

语法说明

- height 用于设置嵌入页面插件的高度；
- width 用于设置嵌入页面插件的宽度；
- type 用于设置嵌入页面插件的类型；
- src 用于设置嵌入页面差价的地址。

实例代码（源代码位置：源代码\example\25\25-4-3.html）

```
<!--实例 25-4-3.html 代码-->
```

```
<!doctype html>
<html>
<head>
<meta charset="utf-8">
<title>embed 元素使用</title>
</head>
<body>
<embed src="Butterfly.swf" width="400px"></embed>
</body>
</html>
```

网页效果（**图 25-4**）

图 25-4　embed 元素使用

4. mark 元素

用于在页面中突出高亮显示信息内容。

基本语法

`<mark>...</mark>`

语法说明

● 　`<mark></mark>`标记中的内容会高亮显示

实例代码（源代码位置：**源代码\example\25\25-4-4.html**）

```
<!--实例 25-4-4.html 代码-->
<!doctype html>
<html>
<head>
<meta charset="utf-8">
<title>mark 元素使用</title>
</head>
<body>
<mark>这段文本是用了 HTML5 的 mark 元素后显示效果</mark>
</p>
</body>
</html>
```

网页效果（**图 25-5**）

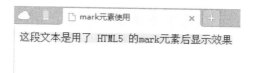

图 25-5　mark 元素使用

5. progress 元素

用于在页面中显示一个进度条，表明事件或进程的运行状况。

基本语法

```
<progress value="" max=""></progress>
```

语法说明

- value 当前执行进度；
- max 总进度最大值。

实例代码（源代码位置：源代码\example\25\25-4-5.html）

```
<!--实例 25-4-5.html 代码-->
<!doctype html>
<html>
<head>
<meta charset="utf-8">
<title>progress 元素使用</title>
</head>
<body>
<progress value="60" max="100"> 浏览器不支持 progress 元素
</progress>
</p>
</body>
</html>
```

网页效果（图 25-6）

图 25-6　progress 元素使用

6．details 元素

用于在页面中显示一个进度条，表明事件或进程的运行状况。

基本语法

```
<details open="open"> </details>
```

语法说明

- open 用于定义页面加载时 details 元素包含信息状态是否可见。

实例代码（源代码位置：源代码\example\25\25-4-6.html）

```
<!--实例 25-4-6.html 代码-->
<!doctype html>
<html>
<head>
<meta charset="utf-8">
<title>details 元素使用</title>
</head>
<body>
<details open="open">
<summary>HTML5 特点</summary>
<p>减少对外部插件的需求（比如 Flash）</p>
<p>更优秀的错误处理</p>
<p>更多取代脚本的标记</p>
<p>HTML5 应该独立于设备</p>
```

```
<p>开发进程应对公众透明</p>
</details>
</body>
</html>
```

网页效果（图 25-7（a）和图 25-7（b））

（a）　　　　　　　　　　　　　　（b）

图 25-7　details 元素使用

7. datalist 元素

该元素用于定义一个数据集，通常与 input 元素结合使用，为 input 元素提供数据源。

基本语法

```
<input id="" list="" />
<datalist id="">
 <option value="">
 <option value="">
…
</datalist>
```

语法说明

- input 元素中 list 属性值要与 datalist 元素 id 属性值相同
- option 元素中 value 属性值是列表项。

实例代码（源代码位置：源代码\example\25\25-4-7.html）

```
<!--实例 25-4-7.html 代码-->
<!doctype html>
<html>
<head>
<meta charset="utf-8">
<title>datalist 元素使用</title>
</head>
<body>
性别:
<input id="favLang" list="sex" />
<datalist id="sex">
 <option value="男">
 <option value="女">
 <option value="保密">
</datalist>
</body>
</html>
```

网页效果（图 25-8）

图 25-8　datalist 元素使用

8．output 元素

用于在页面中输出指定的信息。

基本语法

```
<output form="" name="" for=""></output>
```

语法说明

- form 定义输入字段所属的一个或多个表单；
- name 定义对象的唯一名称。（表单提交时使用）；
- for 定义输出域相关的一个或多个元素。

实例代码（源代码位置：源代码\example\25\25-4-8.html）

```html
<!--实例 25-4-8.html 代码-->
<!doctype html>
<html>
<head>
<meta charset="utf-8">
<title>output 元素使用</title>
</head>
<body>
<form id="form1"
 oninput="x.value=parseInt(a.value)+parseInt(b.value)">0
<input type="range" id="a" value="50">100
+<input type="number" id="b" value="50">
=</form>
<output form="form1" name="x" for="a b"></output>
</datalist>
</body>
</html>
```

网页效果（图 25-9）

图 25-9　output 元素使用

9．其他新增元素

除了上面介绍的元素外，HTML5 中其他的新增元素如表 25-3 所示。

表 25-3   HTML5 其他新增元素说明

元素名称	用途
canvas	用于在页面中添加图形容器，可在 canvas 元素定义容器内执行绘图操作
datagrid	用于定义一个数据集，并以树形结构显示
keygen	用于生成页面传输信息密钥
menu	用于定义菜单列表，使其内部定义的表单控件以列表形式显示
metter	用于定义度量衡。仅用于已知最大和最小值的度量
ruby/rt/rp	这 3 个元素通常结合使用，用于定义字符的解释或发音
source	与多媒体元素，例如<video>或<audio>结合使用，用于定义媒体资源
time	用于定义时间（24 小时制）或日期，可设置时间和时区
wbr	用于定义长字符换行位置，避免浏览器在错误的位置换行

25.4.2　停止使用的元素

在 HTML5 中一些旧有的元素不再被使用,这些元素的功能将由新元素和新的实现方法取替。

1.　frame 框架结构不再使用

frame 元素曾经是在网页框架结构设计中经常被用到的元素,但由于使用 frame 框架不利于页面重用,因此,在 HTML5 中将不再使用 frame 框架结构。

2.　支持性不好的元素不再使用

HTML4 中的 applet、bgsound、blink 及 marquee 元素只在部分浏览器中可以被正常解析,在 HTML5 中已停止使用,或使用新的元素取替上述元素。具体对应关系如表 25-4 所示。

表 25-4   新旧元素对应关系说明

HTML4 元素名称	HTML5 取替元素名称
applet	embed 或 object
bgsound	audio

3.　其他不再使用的元素（见表 25-5）

表 25-5   新旧元素对应关系说明

HTML4 元素名称	HTML5 取替元素名称
acronym	abbr
dir	ul
isindex	form 与 index
listing	pre
nextid	guids
plaintext	text/plian 的 mime
rb	ruby
xmp	code

25.5　属性的改变

HTML5 对旧有元素的属性,同样进行了修改,除了增加了一些功能丰富的元素,还对一些利用率不高或功能冗余的属性进行了删减替换。

25.5.1　新增的属性

1. 新增的表单属性

HTML5 中新增的与表单相关的属性如表 25-6 所示。

表 25-6　　　　　　　　　　　　　　新增的表单属性

属性名称	适用元素	用途
autofocus	input,select,textarea,button	用于页面加载时，使设置该属性的元素控件获得焦点
form	input,output,select,textarea, button,fieldset	用于声明设置该属性的元素属于哪个表单
placeholder	input(text),textarea	用于对设置该属性的元素进行输入提示
required	input(text),textarea	用于对设置该属性的元素进行必填校验
autocomplete	form,input	用于对设置该属性的元素进行自动补全填写
min/max/step	input	用于对设置该属性的包含数字或日期的元素，规定限定约束条件
multiple	input(email,file)	用于规定设置该属性的元素输入域中可选择多个值
pattern	input	用于设置元素输入域校验模式

2. 新增的链接属性

HTML5 中新增的与链接相关的属性如表 25-7 所示。

表 25-7　　　　　　　　　　　　　　新增的链接属性

属性名称	适用元素	用途
media	a,area	用于规定设置该属性元素的媒体类型
sizes	link	用于设置元素关联图标大小，通常与 icon 结合使用

3. 新增的其他属性

HTML5 中新增的其他属性如表 25-8 所示。

表 25-8　　　　　　　　　　　　　　新增的其他属性

属性名称	适用元素	用途
reversed	ol	用于指定列表显示顺序为倒序
charset	meta	用于设置文档字符编码方式
type	menu	用于设置 menu 元素显示形式
label	menu	用于设置 menu 元素标注信息
scoped	style	用于设置样式作用域
async	script	用于设置脚本执行方式为同步或异步
manifest	html	用于设置离线应用文档缓存信息
sandbox, seamless, srcdoc	iframe	用于设置提高页面安全

25.5.2　停止使用的属性

　　HTML4 中的部分属性在 HTML5 中将停止使用，这些属性将采用新属性或新方法来实现原来的效果。停止使用的 HTML4 属性如表 25-9 所示。

表 25-9　　　　　　　　　　停止使用的 HTML4 属性

HTML4 属性	HTML5 处理方法
align,autosubmit,background,bgcolor,border,clear, compact,char,charoff,cellpadding,cellspacing, frameborder,height,hspace,link,marginheight, marginwidth,noshade,nowrap,rules,size,text, valign,vspace,width	使用 CSS 样式表替代原属性
target,nohref,profile,version	停止使用
charset,scope	使用 HTTP Content-type 头元素
rev	rel 替代
shape,coords	使用 area 替代 a

25.5.3　全局属性

全局属性是 HTML5 中的一个新的概念，它的作用是使其适用于所有的元素，下面将介绍几个比较常用的全局属性。

1. contentEditable 属性

contentEditable 属性可设置用户是否可任意编辑元素内部信息。

基本语法

```
<元素名 contenteditable="true|flase">元素内容</元素名>
```

语法说明

- 当属性值为 true 时，元素内容处于可编辑状态。
- 当属性值为 false 时，元素内容处于不可编辑状态。
- 元素内容可以是文本、图片或其他内容。

实例代码（源代码位置：源代码\example\25\25-5-3-1.html）

```
<!--实例 25-5-3-1.html 代码-->
<!doctype html>
<html>
<head>
<meta charset="utf-8">
<title> contenteditable 属性使用</title>
</head>
<body>
<p contenteditable="true">试试看能不能改变这些文本</p>
<table border="1" contenteditable="true" width="400">
 <tr><td>姓名: </td><td>张三</td></tr>
 <tr><td>性别: </td><td>男</td></tr>
<tr><td>年龄: </td><td>25</td></tr>
</table>
</body>
</html>
```

网页效果（图 25-10）

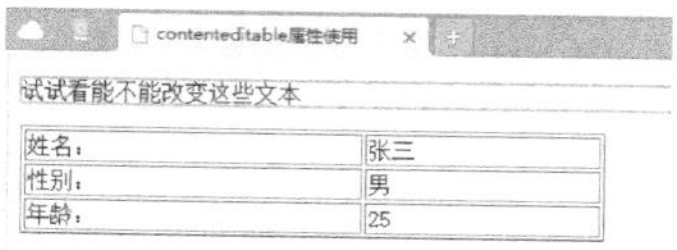

图 25-10　contenteditable 属性使用

2. draggable 属性

draggable 属性可设置元素是否可以拖动。

基本语法

```
<元素名 draggable="true|flase">元素内容</元素名>
```

语法说明

● 当属性值为 true 时，对应元素处于可拖曳状态；

● 当属性值为 false 时，对应元素处于不可拖曳状态。

实例代码（源代码位置：源代码\example\25\25-5-3-2.html）

```
<!--实例 25-5-3-2.html 代码-->
<!doctype html>
<html>
<head>
<meta charset="utf-8">
<title>draggable 属性使用</title>
</head>
<body>
<table border="1" draggable="true">
 <tr>
 <td>这是一个可以拖动的表格</td>
 </tr>
</table>
</body>
</html>
```

网页效果（图 25-11）

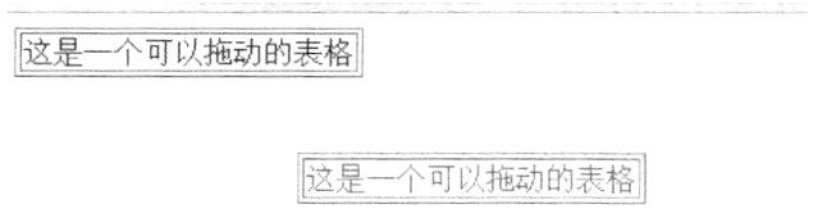

图 25-11　draggable 属性使用

3. hidden 属性

hidden 属性可设置该属性的元素在页面中是否处于显示状态。

基本语法

```
<元素名 hidden ="true|flase">元素内容</元素名>
```

语法说明

● 当属性值为 true 时，对应元素处于隐藏状态；

● 当属性值为 false 时，对应元素处于显示状态。

实例代码（源代码位置：源代码\example\25\25-5-3-3.html）

```
<!--实例 25-5-3-3.html 代码-->
<!doctype html>
<html>
<head>
<meta charset="utf-8">
<title>hidden 属性使用</title>
</head>
<body>
<img src="flower1.jpg" hidden="true"/>
<article id="myArticle">点击"隐藏"按钮看看</article>
```

```
<input type="button" value="隐藏" onclick="hide()">
<script>
function hide()
{
var article = document.getElementById("myArticle");
 article.setAttribute("hidden",true);
}
</script>
</body>
</html>
```

网页效果（图 25-12）

图 25-12　hidden 属性使用

4. spellcheck 属性

spellcheck 属性可设置对应输入框是否处于语法检测状态。

基本语法

<元素名　spellcheck ="true|flase">元素内容</元素名>

语法说明

- 当属性值为 true 时，对应输入框处于语法检测状态；
- 当属性值为 false 时，对应输入框不处于语法检测状态。

实例代码（源代码位置：源代码\example\25\25-5-3-4.html）

```
<!--实例 25-5-3-4.html 代码-->
<!doctype html>
<html>
<head>
<meta charset="utf-8">
<title>spellcheck 属性使用</title>
</head>
<body>
设置检测语法
<br>
<textarea spellcheck="true" id="text1"></textarea>
<br>
设置不检测语法
<br>
<textarea spellcheck="false" id="text2"></textarea>
</body>
</html>
```

网页效果（图 25-13）

图 25-13　spellcheck 属性使用

25.6　知识点提炼

本章全面地介绍了 HTML5，通过与 HTML4 的属性、元素比较，介绍了 HTML5 新的语法结构、新的页面架构及新的元素和属性。掌握这些基础性知识点，将为后续的深入学习打下基础。

25.7　思考与练习

（1）HTML5 中用于实现页面架构的元素包括哪些？

（2）HTML5 中用于多媒体的元素有哪些？

（3）HTML5 中全局属性有哪些？

第26章
HTML5 的表单

表单是用户与页面互动的重要途径，HTML5 与 HTML4 相比在表单设计上可谓变化很大，功能更加强大，实现方法变得更为简单。

本章将详细介绍 HTML5 中的表单构成、功能及使用方法。

学习目标

- 熟悉 HTML5 中 input 输入类型
- 熟悉 HTML5 中 input 新增属性
- 掌握 HTML5 表单验证方式

26.1 新的 input 输入类型及属性

在 HTML5 中增加了许多新的 input 输入类型及新的属性，下面将分别介绍 input 元素的新增类型和属性。

26.1.1 新的 input 输入类型

1. email 类型

在 HTML5 中将一个 input 元素的类型设置为 email 时，表明该输入框用于输入电子邮件地址。

基本语法

```
<input type="email" …>
```

语法说明

- 仅限于输入电子邮件格式的字符串；
- 当表单提交时，将会自动检测输入内容，如果用户输入非电子邮件格式字符串，将给出错误提示。

实例代码（源代码位置：源代码\example\26\26-1-1-1.html）

```
<!--实例 26-1-1-1.html 代码-->
<!doctype html>
<html>
<head>
<meta charset="utf-8">
<title>email 类型</title>
```

```
</head>
<body>
<fieldset>
 <legend>
 请输入有效电子邮箱
 </legend>
 <input type="email" id="inputEmail">
 <input type="submit" value="提交">
 </fieldset>
</body>
</html>
```

网页效果（图 26-1）

图 26-1　email 类型使用

2. 日期时间类型

在 HTML5 中将一个 input 元素的类型设置为日期时间类型，即可在页面中生成一个日期时间类型的输入框。

基本语法

```
<input type="date|week|month|time|datetime|datetime-local" …>
```

语法说明

● 当用户单击对应日期输入框式，会弹出日期选择界面，选择日期后该界面自动关闭，并将用户选择具体日期填充在输入框中。

● 用户可设置的日期时间类型包括 date、week、month、time、datetime、datetime-local，各种类型对应的输入框界面及功能有所区别。

实例代码（源代码位置：源代码\example\26\26-1-1-2.html）

```
<!--实例 26-1-1-2.html 代码-->
<!doctype html>
<html>
<head>
<meta charset="utf-8">
<title>日期时间类型</title>
</head>
<body>
<form>
 <fieldset>
 <legend>
 请选择日期
 </legend>
 <input type="date">
 </fieldset>
 <fieldset>
 <legend>
 请选择星期
 </legend>
 <input type="week">
 </fieldset>
 <fieldset>
 <legend>
```

```
请选择月份
</legend>
<input type="month">
</fieldset>
<fieldset>
<legend>
请输入时间
</legend>
<input type="time">
<input type="datetime">
<input type="datetime-local">
</fieldset>
</form>
</body>
</html>
```

网页效果（图 26-2）

图 26-2　日期时间类型使用

3. range 类型

在 HTML5 中当一个 input 元素的类型设置为 range 时，将在页面中生成一个区域选择控件。

基本语法

```
<input type="range" min="" max=""…>
```

语法说明

- type 属性值为 range，表明这是一个区域选择控件；
- min 和 max 分别可以设置最小和最大值。

实例代码（源代码位置：源代码\example\26\26-1-1-3.html）

```
<!--实例 26-1-1-3.html 代码-->
<!doctype html>
<html>
<head>
<meta charset="utf-8">
<title>range 类型</title>
</head>
<body>
<script>
function getValue()
{
var value = document.getElementById("inputRange").value;
var result = document.getElementById("result");
result.innerText = value;
}
</script>
```

```
<form>
 <fieldset>
 <legend>
 请选择您的体重
 </legend>
 <input id="inputRange" type="range" min="0" max="150" onChange="getValue()">
 <span id="result"></span>KG
 </fieldset>
</form>
</body>
</html>
```

网页效果（图 26-3）

图 26-3　range 类型使用

4. search 类型

HTML5 中当一个 input 元素的类型设置为 search 时，表明该输入框用于输入查询关键字。

基本语法

```
<input type="search" …>
```

语法说明

● search 类型的 input 元素在页面中显示效果与普通 input 元素相似。

● 当文本框输入搜索关键字后，输入文本框后面将显示叉号，单击叉号会清空文本框内容。

实例代码（源代码位置：源代码\example\26\26-1-1-4.html）

```
<!--实例 26-1-1-4.html 代码-->
<!doctype html>
<html>
<head>
<meta charset="utf-8">
<title>search 类型</title>
</head>
<body>
<form>
 <fieldset>
 <legend>
 请输入您要搜索的内容
 </legend>
 <input type="search">
 <input type="submit" value="搜索">
 </fieldset>
</form>
</body>
</html>
```

网页效果（图 26-4）

图 26-4　search 类型使用

5. number 类型

在 HTML5 中设置 input 元素为 number 类型，表示提供一个数字类型的文本输入控件。

基本语法

```
<input type="number" …>
```

语法说明

● 该元素在页面中生成的输入框只允许用户输入数字类型信息，并可通过该输入框后面的
上、下调节按钮来微调输入数字大小。

实例代码（源代码位置：源代码\example\26\26-1-1-5.html）

```
<!--实例 26-1-1-5.html 代码-->
<!doctype html>
<html>
<head>
<meta charset="utf-8">
<title>number 类型</title>
</head>
<body>
<form>
<fieldset>
 <legend>
 请输入您的年龄
 </legend>
 <input type="number">
 <input type="submit" value="提交">
 </fieldset>
</form>
</body>
</html>
```

网页效果（图 26-5）

图 26-5　number 类型使用

6. url 类型

HTML5 中 input 元素的类型设置为 url 时，表示该 input 元素将生成一个只允许输入网址格式
字符串的输入框。

基本语法

```
<input type="url" …>
```

语法说明

● 与其他类型文本框显示效果相同，但是仅限于输入网址格式的字符串；

- 当表单提交时，将会自动检测输入内容，如果输入的是非有效网址，将给出错误提示。

实例代码（源代码位置：源代码\example\26\26-1-1-6.html）

```
<!--实例 26-1-1-6.html 代码-->
<!doctype html>
<html>
<head>
<meta charset="utf-8">
<title>url 类型</title>
</head>
<body>
<form>
<fieldset>
 <legend>
 请输入有效网址
 </legend>
 <input type="url">
 <input type="submit" value="提交">
 </fieldset>
</form>
</body>
</html>
```

网页效果（图 26-6）

图 26-6　search 类型使用

注：上面要输入带"http://"开头的有效网址，例如：http://www.baidu.com 。

26.1.2　新的 input 公用属性

HTML5 中除了增加了新的输入类型外，还增加了一些新的共用属性。

1. autofocus 属性

HTML5 中 autofocus 属性主要用于设置在页面加载完毕时，页面中的控件是否自动获取焦点。

基本语法

```
<input autofocus="true|false" …>
```

语法说明

- 所有的 input 元素都支持 autofocus 属性；
- 当属性值为 true，自动获取焦点；
- 当属性值为 false，不自动获取焦点。

实例代码（源代码位置：源代码\example\26\26-1-2-1.html）

```
<!--实例 26-1-2-1.html 代码-->
<!doctype html>
<html>
<head>
<meta charset="utf-8">
<title>autofocus 属性使用</title>
</head>
```

```
<body>
<form>
<fieldset>
<legend>
用户登录界面
</legend>
用户名: <input type="text" autofocus="true">
密　码: <input type="text">
<input type="submit" value="登录">
</fieldset>
</form>
</body>
</html>
```

网页效果（图 26-7）

图 26-7　autofocus 属性使用

2. pattern 属性

pattern 属性主要用于设置正则表达式，以便对 input 元素对应输入框执行自定义输入校验。
前面小节介绍的 email、url 类型的 input 元素，其实也是基于正则表达式进行校验的，只不过已经
由系统设置，不需用户单独设置。正则表达式的功能非常强大，用户可以通过编写个性化正则表
达式，实现复杂的校验逻辑。

基本语法

```
<input pattern="正则表达式" …>
```

语法说明

● pattern 属性值为正则表达式。

实例代码（源代码位置：源代码\example\26\26-1-2-2.html）

```
<!--实例 26-1-2-2.html 代码-->
<!doctype html>
<html>
<head>
<meta charset="utf-8">
<title>pattern 属性使用</title>
</head>
<body>
<form>
<fieldset>
<legend>
会员注册
</legend>
用户名:
<input type="text" id="txtUserName" autofocus="true"> <br>
密  码:
<input type="text" id="txtpassword" pattern="^[a-zA-Z0-9]{6,}$">
<span style="color:red;font-size:12px">只允许输入英文和数字,且长度至少为 6 位</span><br>
<input type="submit" value="注册">
<input type="reset" value="清除">
</fieldset>
```

```
</form>
</body>
</html>
```

网页效果（图 26-8）

图 26-8　pattern 属性使用

3. placeholder 属性

在 HTML5 中 placeholder 属性用于设置一个文本占位符。

基本语法

```
<input placeholder="" …>
```

语法说明

● 当 input 元素设置了 placeholder 属性值，页面加载完毕后，input 元素对应输入框内将显示 placeholder 属性设置的信息内容；

● 当输入框获取焦点并有信息输入，输入信息将代替原 placeholder 设置内容；

● 当输入框获取焦点且没有信息输入，输入框失去焦点后将仍然显示原 placeholder 设置内容。

实例代码（源代码位置：源代码\example\26\26-1-2-3.html）

```
<!--实例 26-1-2-3.html 代码-->
<!doctype html>
<html>
<head>
<meta charset="utf-8">
<title>placeholder 属性使用</title>
</head>
<body>
<form>
<fieldset>
 <legend>
 用户注册
 </legend>
 姓名:
 <input type="text" placeholder="请输入真实姓名">
 <input type="submit" value="注册">
 </fieldset>
</form>
</body>
</html>
```

网页效果（图 26-9）

图 26-9　placeholder 属性使用

4. required 属性

在 HTML5 中 required 属性主要用于设置输入框是否必须输入信息。

基本语法

```
<input required="true|false" …>
```

语法说明

- 当属性值为 true 时，提交表单时对应的输入框不允许为空；
- 当属性值为 false 时，提交表单时对应的输入框允许为空。

实例代码（源代码位置：源代码\example\26\26-1-2-4.html）

```
<!--实例 26-1-2-4.html 代码-->
<!doctype html>
<html>
<head>
<meta charset="utf-8">
<title>required 属性使用</title>
</head>
<body>
<form>
<fieldset>
 <legend>
 请填写个人信息
 </legend>
 姓名 :
 <input type="text" autofocus="true" required="true"><br>
 年龄 :
 <input type="number"><br>
 <input type="submit" value="提交">
 <input type="reset" value="重置">
 </fieldset>
</form>
</body>
</html>
```

网页效果（图 26-10）

图 26-10　required 属性使用

5. min 属性和 max 属性

min 和 max 属性主要应用于数值类型或日期类型的 input 元素，用于限制输入框所能输入的数值范围。

基本语法

```
<input min="" max="" …>
```

语法说明

- min 属性用于设置最小值；
- max 属性用于设置最大值。

实例代码（源代码位置：源代码\example\26\26-1-2-5.html）

```
<!--实例26-1-2-5.html代码-->
<!doctype html>
<html>
<head>
<meta charset="utf-8">
<title>min 和 max 属性使用</title>
</head>
<body>
<form>
<fieldset>
 <legend>
 请输入您的年龄
 </legend>
 <input type="number" min="0" max="150">
 <input type="submit" value="提交">
 </fieldset>
 </form>
</body>
</html>
```

网页效果（图 26-11）

图 26-11　min 和 max 属性使用

6. step 属性

step 属性主要应用于数值型或日期型 input 元素，用于设置每次输入框内数值增加或减少的变化量。

基本语法

```
<input step="数值" …>
```

语法说明

● step 属性值为正整数。

实例代码（源代码位置：源代码\example\26\26-1-2-6.html）

```
<!--实例26-1-2-6.html代码-->
<!doctype html>
<html>
<head>
<meta charset="utf-8">
<title>step 属性使用</title>
</head>
<body>
<form>
<fieldset>
 <legend>
 请输入 3 的倍数
 </legend>
 <input type="number" step="3">
 <input type="submit" value="提交">
```

```
  </fieldset>
  </form>
</body>
</html>
```

网页效果（图 26-12）

图 26-12　step 属性使用

26.2　表单的验证方式

前面我们学习了系统定义好的表单的验证方式，比如内置的 email、url 类型，还有用户自定义的表单验证方式，比如使用 pattern 属性方法。接下来我们再看看 checkValidity()方法和 setCustomValidity()方法实现表单验证。

26.2.1　调用 checkValidity()方法实现验证

在 HTML5 中除了自带属性实现 input 元素输入信息校验外，还可以通过在 JavaScript 中调用 checkValidity()方法获取输入框信息判断是否通过校验。此方法可以自定义提示信息。checkValidity()方法用于检验输入信息与规则是否匹配，如果匹配返回 true，否则返回 false。

实例代码（源代码位置：源代码\example\26\26-2-1.html）

```
<!--实例 26-2-1.html 代码-->
<!doctype html>
<html>
<head>
<meta charset="utf-8">
<title>checkValidity()方法使用</title>
</head>
<body>
<script>
function checkUserName()
{
 var name = document.getElementById("txtUserName");
 var result = document.getElementById("result");
 var flag = name.checkValidity();
 if(flag)
 {
 result.innerHTML = "用户名格式正确";
 }
 else
 {
 result.innerHTML = "请输入不少于 6 位字母、数字组成的用户名";
 }
}
</script>
<form>
```

```
<fieldset>
<legend>
会员注册
</legend>
用户名：
<input type="text" id="txtUserName"
onblur="checkUserName()"pattern="^[a-zA-Z0-9]{6,}$">
<span id="result" style="font-size:12px"></span>
<br>
密  码：
<input type="text" id="txtPassword">
</fieldset>
</form>
</body>
</html>
```

网页效果（图 26-13）

图 26-13　checkValidity()方法使用

26.2.2　调用 setCustomValidity ()方法实现验证

HTML5 中 input 元素自带的表单验证方法虽然简单易用，但提示信息不能自定义，setCustomValidilty 方法可以自定义提示信息。这是一个好消息，但也存在一些弊端，需要让开人员做额外的一些处理才能达到真正想要的目的。

实例代码（源代码位置：源代码\example\26\26-2-2.html）

```
<!--实例 26-2-2.html 代码-->
<!doctype html>
<html>
<head>
<mata charset="utf-8">
<title>setCustomValidity()方法使用</title>
<meta charset="utf-8">
</head>
<body>
    <form>用户名：
    <input  type="text"  required  pattern="^[a-zA-Z0-9]{6,}$"  onblur="out(this)"
placeholder="请输入用户名" >
    <input type="submit" value="提交">
    </form>
<script type="text/javascript">
 function out(i){
  var v = i.validity;
  if(true === v.valueMissing){
      i.setCustomValidity("用户名不能为空");
  }else{
     if(true === v.patternMismatch){
 i.setCustomValidity("请输入不少于 6 位字母、数字组成的用户名");
 }else{
 i.setCustomValidity("输入格式正确");
```

```
    }
   }
  }
</script>
 </body>
 </html>
```

网页效果（图 26-14）

图 26-14　setCustomValidity()方法使用

26.2.3　设置不验证

通常情况下 HTML5 会在表单提交时，对设置了输入校验的表单元素逐一进行输入格式校验，当所有输入信息都符合预设条件时才允许提交数据。然而在一些特殊情况，可能不需要校验输入信息而直接提交表单数据，此时就要用到 HTML5 为表单提供的 novalidate 属性。该属性用于取消表单全部元素的验证。

实例代码（源代码位置：源代码\example\26\26-2-3.html）

```
<!--实例 26-2-3.html 代码-->
<!doctype html>
<html>
<head>
<mata charset="utf-8">
<title>novalidate 属性使用</title>
<meta charset="utf-8">
</head>
<body>
   <form novalidate="true">用户名:
   <input type="text" required pattern="^[a-zA-Z0-9]{6,}$" placeholder="请输入用户名" >
   <input type="submit" value="提交">
   </form>
 </body>
 </html>
```

网页效果（图 26-15）

图 26-15　novalidate 属性使用

注：从效果图中可以看出表单验证已经失效。

26.3　知识点提炼

　　本章主要介绍了 HTML5 中新增表单类型和属性，主要包括新的 input 输入类型有 email、日期时间、range、search、number、url；新的属性有 autofocus、pattern 、placeholder 、required 、min、max、step。最后介绍了 checkValidity()方法和 setCustomValidity()方法验证以及取消验证 novalidate 属性。

26.4　思考与练习

　　（1）HTML5 中新增的输入类型有哪些？
　　（2）编写一个带 pattern 属性验证的表单。
　　（3）编写一个带表单验证的会员注册页面。

参考文献

［1］胡军，刘佰成，刘晓强. Web 前端开发案例教程［M］. 北京：人民邮电出版社，2015.

［2］刘德山，杨彬彬. HTML+CSS+JavaScript 网站开发实用技术［M］. 北京：人民邮电出版社，2014.

［3］王维虎，宫婷. 网页设计与开发 HTML、CSS、JavaScript［M］. 北京：人民邮电出版社，2014.

［4］吴黎兵，彭红梅，赵莉. 网页与 Web 程序设计［M］. 北京：机械工业出版社，2014.

［5］(美)弗里曼著，谢延晟，牛化成，刘美英译. HTML5 权威指南［M］. 北京：人民邮电出版社，2014.

［6］李东博. HTML5+CSS3 从入门到精通［M］. 北京：清华大学出版社，2013.

［7］张树明. Web 技术基础 XHTML、CSS、JavaScript［M］. 北京：清华大学出版社，2013.

［8］聂常红. Web 前端开发技术 HTML、CSS、JavaScript［M］. 北京：人民邮电出版社，2013.

［9］储久良. Web 前端开发技术实验与实践 HTML、CSS、JavaScript［M］. 北京：清华大学出版社，2013.

［10］本书编委会. HTML/CSS/JavaScript 标准教程实例版［M］. 北京：电子工业出版社，2012.

［11］http://developer.51cto.com/web/

［12］http://www.admin10000.com/html-css/

［13］http://www.admin10000.com/javascript/

［14］http://www.w3school.com.cn